행복한 홍차 시간

행복한
홍차 시간

사이토 유미 지음
서현주 옮김

홍익출판사

제가 홍차를 처음 만난 때는 대학을 졸업하고 홍차 회사에 취직하게 되면서였습니다. 일에 몰두하면서 홍차에 빠져들다 보니 일상이 즐겁고 풍요롭게 바뀌어가는 것을 느낄 수 있었습니다. 맛있는 홍차를 직접 우려보고 싶다는 생각이 들더니 도전하고 싶은 것들도 점점 많아지더군요.

찻잎 종류도 더 알고 싶었고 근사한 찻잔으로 홍차를 음미하면 어떨지 궁금했습니다. 그러다 보니 찻잔의 역사에 대해서도 더 공부하게 됐고 맛있는 홍차를 발견하면 친구한테도 만들어주고 싶다는 생각이 들었습니다.

급기야 사람들을 초대해서 홍차를 즐기기 시작했지요. 일단 눈을 뜨고 나니 테이블을 꽃으로 장식하고 홍차에 어울리는 요리도 만들어야겠다는 생각이 들더군요. 홍차라는 작은 씨앗에서 수많은 꽃이 피어나 일상의 사소한 것들을 선명하게 물들여가는 것을 실감할 수 있었습니다.

이런 소소한 시간들이 쌓여가면서 아늑하고 행복한 시간이 만들어졌습니다. 홍차를 통해서 한 명이라도 더 많은 사람에게 이 행복한 시간을 선사할 수 있으면 좋겠다고 생각했습니다.

홍차 업계에 몸담은 지 25년이 되었네요. 짧지 않은 세월 동안 저에게 홍차는 늘 '행복을 배달해 주는 음료'였습니다. 이런 제 이야기를 전하고 싶어서 온 마음을 담아 써내려간 것이 바로 이 책《행복한 홍차 시간》입니다.

이 책은 부담 없이 보고 싶은 부분부터 편하게 읽어주시면 좋겠습니다. 그 순간 분명히 여러분의 마음속에 홍차라는 작은 씨앗이 뿌려지고 머지않아 그 씨앗이 눈부신 꽃으로 피어날 테니까요.

그럼 낭만적인 홍차의 세계로 여행을 떠나볼까요?

사이토 유미(斉藤由美)

c o n t e n t s

Part 1 맛있는 홍차의 기본
For the delicious best tea

홍차를 감미롭게 해주는 다구들 • 20

Part 4 티타임을 위한 티 푸드
Tea foods for your teatime

Part 5 · 홍차에 얽힌 이야기
The story of tea

산지와 브랜드마다 다른 홍차의 개성

홍차에는 수많은 종류가 있다

Many kinds of the tea

홍차의 종류는 과연 몇 가지나 될까요? 정답은 '셀 수 없이 많다!'입니다. 기본적으로는 산지별로 분류되는데 향을 더하거나 블렌딩(Blending, 여러 종류를 조합하는 것)을 하면 홍차의 종류는 한없이 늘어날 수 있습니다.

동일한 산지의 홍차라도 다원(茶園, 차 재배지)마다 맛과 향이 다르고, 또 같은 브랜드여도 판매국에 따라서 블렌딩법이 달라지는 경우가 있다. 산지와 블렌딩, 향기 같은 요소들 때문에 홍차의 종류는 무한대라고 할 수 있다.

찻잎이 재배된 환경이나 기후, 제조법과 블렌딩의 차이에 따라 홍차의 개성은 다양해집니다. 이렇게 탄생한 수많은 홍차들은 각자 다른 개성을 가진 우리의 모습과도 매우 닮았지요. 찻잎의 종류와 특징에 대해서는 Part 2에서 소개합니다.

스트레이트, 우유, 내 맘대로 조합까지

홍차를 즐기는
방법은 다양하다

How to enjoy tea

허브 믹스티

스트레이트 티(Straight Tea, 아무것도 섞지 않고 차만 우려 마시는 것)를
베이스로 우유나 과일, 향신료 같은 각종 재료들을 섞어보기도 하고,
홍차를 과자나 요리를 만들 때도 사용해 보세요. 여러 조합을 즐길 수
있다는 점이 홍차의 매력이죠. 은은하게 감도는 홍차의 향에 다양한 식
재료가 어우러져 내는 멋진 하모니가 우리의 생활에 더욱 신선한 기쁨
을 가져다 줄 거예요. 홍차를 이용한 레시피는 Part 4에서 소개합니다.

로열 밀크티로 만든
프렌치토스트

차조기
매실 아이스티

시트러스 하모니

단호박 차이

홍차 아포가토

홍차 젤리

홍차 돼지고기 수육

민트 로열 밀크티

어떤 상황도 기분 좋게 만드는 행복한 시간의 연출가

홍차에는 우아하고 즐거운 시간을 만드는 연출력이 있다

Direction power of the tea

화려한 티 푸드와 함께 즐기는 오후의 티타임은 누구나 꿈꾸는 낭만적인 시간입니다. 홍차는 시간과 공간에 꼭 맞는 멋진 분위기를 이끌어냅니다. 계절과 시간, 장소와 멤버들에게 어울리게끔 홍차와 티 푸드의 종류, 식기, 테이블 세팅에 세심한 정성을 들이다 보면 만남이 풍요로운 시간들로 채워집니다. 홍차는 우리의 일상을 드라마틱하게 꾸며주는 그런 존재입니다. 티타임을 멋지게 연출하는 방법은 Part 6에서 소개합니다.

"너무 바빠", "지쳤어", "짜증나". 이럴 때야 말로 홍차를 마셔보면 어떨까요? 홍차를 마시면 흘러가는 시간이 포근하게 느껴지면서 바쁜 일상 속에서도 생각과 마음을 정리할 수 있습니다. 홍차는 나도 모르는 사이에 마음의 여유를 되찾아주고, 어떤 상황이든 홍차를 곁들이면 저절로 분위기가 좋아진답니다. 기분도 나아지고 저절로 미소가 지어지지요. 이처럼 홍차는 우리에게 밝고 우아한 긍정의 시간을 선사합니다.

Part

1

맛있는
홍차의 기본

For the delicious best tea

홍차를 우릴 때 필요한 준비물부터
맛있게 우리는 방법까지,
홍차의 기초 지식을 소개합니다.

고르는 것만으로도 마음이 설레는

홍차를 감미롭게 해주는 다구들

찻잎과 뜨거운 물, 그리고 티포트와 컵.

이것만 있어도 충분히 홍차를 마실 수 있어요.

하지만 티포트의 종류와 색깔, 컵의 모양과 크기,

티 스트레이너, 타이머, 티 코지까지

홍차와 사이좋은 다구들이 한데 모이면

홍차의 매력과 즐거움이 더욱 커지면서

일상에서 한 편의 짧은 드라마를 만들어낼 수 있답니다.

혼자서 즐기든 여럿이서 함께 즐기든 말이에요.

평범한 날에도 특별한 날에도 마찬가지입니다.

나만의 센스를 발휘해 자유자재로 즐길 수 있는

티타임을 위한 준비물들을 소개하겠습니다.

1 티 코지(Tea Cosy, 티 포트 덮개)
2 티포트(Teapot, 차를 우리는 주전자)
3 케이크 접시
4 나이프 & 포크
5 티 스트레이너(Tea Strainer, 찻잎 거름망)
6 밀크피쳐(Milk Pitcher, 우유를 담는 주전자)
7 티컵 & 소서(Teacup, 찻잔 & Saucer, 찻잔 받침)
8 설탕 단지
9 타이머

Tea Goods

찻잎이 고요히 피어나고
마음이 편안해지는 홍차의 공간
티포트
Teapot

찻잎을 우리는 티포트와 컵에 따르는 티포트.
두 종류의 티포트를 가지고 있으면 편리하다.

맛있는 홍차를 우리고 싶다면 티포트 선택이 매우 중요합니다. 이상적인 상태의 끓는 물(P.30 참고)을 부으면 찻잎이 위아래로 어지러이 떠다니다가 눈 내리듯 가라앉는 현상을 볼 수 있는데 이것을 '점핑'(P.34 참고)이라고 합니다. 점핑이 잘 일어나게 하려면 가급적 둥근 형태의 티포트를 사용하는 것이 좋습니다.

개인적으로는 두 개의 티포트를 사용하는 편입니다. 한 쪽에서 찻잎을 우린 후, 다른 한 쪽에 티 스트레이너를 놓고 홍차를 모두 붓습니다. 티포트에 티 코지를 씌워두면 두 번째 잔도 바로 즐길 수 있습니다. 찻잎을 우리는 티포트는 유리 재질을, 또 하나의 포트는 디자인이 뛰어난 것으로 용도를 구별하여 사용해 보세요.

앤슬리
'엘리자베스 로즈 핑크'

둥근형

다루기 쉽고 가장 대중적이다. 찻잎 우리기에도 이상적인 형태이다.

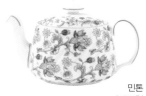

민톤
'하든홀'

가로형

안정감이 느껴지는 모양으로 아주 클래식한 인상을 준다. 테이블 위에 올려두면 시크한 멋이 느껴진다.

셰익스피어의 〈햄릿〉 속
한 장면이 그려진 티포트

세로형

테이블 위에서 입체미를 뽐내는 형태. 이보다 더 길고 홀쭉한 모양은 기본적으로 커피용이다.

로열크라운더비
'로열앙투아네트'

베어터스바하

본차이나

가볍고 튼튼하면서 다루기 쉬워 티파티에서
아주 많이 쓰인다. 물론 일상에서도 편리하다.

도자기

영국 가정에서 자주 사용한다. 묵직한 무게
감이 느껴지면서 캐주얼해서 일상에서 쓰기
에는 딱이다.

1860년대 영국제
앤티크 티포트

내열 유리로 만든
독일제 티포트

은

깨질 염려가 없는 은 제품은 한번 익숙해지
면 사용하기 편리해서 자주 찾게 된다.

유리

예쁜 홍차의 빛깔을 즐길 수 있는 대신 식기
쉬우니까 꼭 매트를 깔고 사용하자.

Point

이상적인 티포트와 만나려면

찻잎 우리기용 티포트를 찾고 있다면 되도
록 둥근 형태를 고르는 것이 제일 중요하다.
그리고 안쪽에 차 거름망이 달려 있지 않고
주둥이가 매끄럽게 처리된 제품을 선택하
는 것이 좋다. 거름망이 없어야 찻잎이 입구
를 막지 않기 때문에 따를 때도 편하다. 또
홍차의 마지막 한 방울까지도 깔끔하게 따
를 수 있다.

뚜껑에 스토퍼(Stopper)가 달려 있으면
포트를 기울여도 뚜껑이 떨어지지 않는다.

주둥이가 매끄럽게
마무리된 것으로
고르자.

찻잎을 우리는 용도로
사용하려면 둥근 모양을
선택한다.

로열코펜하겐 '화이트 플루티드'

Tea Goods

홍차에 멋을 더하는
의상 같은 존재
티컵 & 소서
Teacup & Saucer

모양에 따라 수색(水色, 홍차의 색깔)과
향의 발산을 조절하는 티타임의 주인공.

도자기   존슨브라더스

잔 입술이 두껍고 전체적으로도 두
툼하다. 따뜻한 느낌을 주는 것이 특
징이다.

홍차에 멋을 더하는 티컵과 소서는 홍
차가 입는 옷과도 같은 존재입니다. 가
족끼리 대화를 나눌 때는 캐주얼한 스
타일로, 손님을 대접하는 상황에서는 조
금 멋스럽게, 혼자 티타임을 즐길 때는
편안한 느낌으로. 티컵을 고르는 모습은
매일매일 어떤 옷을 입을지 고민하는 우
리 모습과 매우 비슷합니다.

내열 유리

홍차의 빛깔도 감상할 수 있고 뜨거
운 음료라도 상쾌함을 느끼게 해주
니 여름에 뜨거운 차를 마실 때 제격
이다.

티컵과 소서를 처음 구입할 때는 컵
안쪽이 하얀색인 단순한 디자인을 선택
하는 것이 좋습니다. 그래야 컵에 담긴
홍차의 수색을 즐길 수 있으니까요. 이
후로는 취향에 맞는 디자인으로 점차 늘
려가는데 아무리 고급스러운 제품이라
해도 자주 사용하여 익숙해져야 합니다.

나무   오다테 공예사
                       (大館工芸社)

아키타현산 삼나무를 얇고 길게 잘
라 엮는 수작업을 통해 만들어지는
'마게왓파'는 홍차와 삼나무 향의 융
화가 매력적이다. 그리고 놀랄 만큼
가볍다.

본차이나

가벼우면서 투광성이 있는 본차이나는 영국에서 가장 많이 사용된다. 컵 안쪽에 무늬가 있는 제품은 투명한 홍차를 따랐을 때 즐거움을 주고, 컵의 둘레가 넓은 것은 스트레이트 티와, 좁은 것은 밀크티와 잘 맞는다.

앤슬리
'펨브로크(핑크)'

로열덜튼
'잉글리시 르네상스'

웨지우드
'스프링 블러섬'

웨지우드
'버터플라이 블룸'

Point
이상적인 티컵 & 소서와 만나려면

먼저 컵을 보고 그 컵으로 어떤 홍차를 마시고 싶은지 이미지를 떠올려보는 것이 중요하다. 같은 제품을 여러 개 구입할 때는 일단 한 개를 먼저 사서 사용감을 확인한 다음, 추가로 구입하는 것이 좋다. 또한 가급적 잔 입술이 얇은 제품을 고르는 것이 홍차의 섬세한 풍미와 잘 어울린다.

앤티크 식기

앤티크 식기는 지금은 볼 수 없는 당시의 티타임 분위기를 알려주는 소중한 존재이다. 구입할 때는 시대와 상태 등을 꼼꼼히 확인하자.

1899년도 앤티크 컵
(탈착 가능한 은 손잡이가
달린 흔치 않은 유형)

어디서든 사용할 수 있는
다재다능함이 매력

머그
Mug

가볍게 홍차를 즐기기 위한 필수 아이템으로
사무실에서도 자주 사용한다.

스포드

본차이나 머그는 가볍고 잔
입술이 얇아서 홍차의 섬세함
을 음미할 수 있다.

마에바타(뚜껑은 프랑프랑)

머그 전용 실리콘 재질 뚜껑
은 보온도 되고 먼지를 막아
주어 편리하다. 선물용으로도
훌륭하다.

덴비

사기로 만든 튼튼한 재질은
전자레인지에서도 쓸 수 있어
아주 편리하다.

앤슬리

조지 왕자 탄생을 기념하는
머그. 금장을 입혀놓아 고급
스러운 분위기로 홍차를 즐길
수 있다.

눈치 보지 않고 편하게 마실 수 있고 용량도 큰 머그는 매일 즐기는 티
타임에 없어서는 안 될 아이템입니다. 뚜껑과 세트로 된 제품도 있고,
단품으로 판매하는 패셔너블한 실리콘 재질 뚜껑도 많습니다. 뚜껑을
사용하면 보온성이 높아져 편리합니다. 그밖에 법랑(琺瑯, 금속 표면에
유리질 유약을 바른 것)이나 스테인리스로 만든 아웃도어용 머그도 많아
서 머그로 즐기는 티타임의 무대가 더 넓어졌습니다.

영국에서도 아침 식사 시간이나 사무실에서 차를 마실 때에는 머그
를 애용하는 사람이 많습니다. 왕실의 결혼식이나 출산 같은 경사가 있
을 때에는 기념 머그가 출시되기도 합니다.

자주 쓰니까
가장 마음에 드는 것으로 골라야
티스푼 & 티메이저
Tea Spoon & Tea Measure

티스푼

커피 스푼

홍차를 젓거나 찻잎을 계량할 때 사용하기에,
차와 가장 가까운 존재라고 할 수 있다.

티스푼과 커피 스푼

티스푼은 커피 스푼보다 한 사이즈 크다.
찻잎을 계량할 때도 상당히 편리하다.

티메이저

찻잎을 계량하는 티메이저는 아기
자기한 디자인들이 많다. 홍차 케이
스에 쏙 들어가는 사이즈라서 '티 캐
디스푼'이라고도 한다. 티 캐디는 잎
차를 보관하는 상자다.

영국에서 '작은술'의 기준은 '티스푼'입니다. 그만큼 자주 사용하는 친
숙한 존재라고 할 수 있습니다. 티스푼과 커피 스푼의 차이를 모르고
사용하는 경우가 많은데 원칙적으로는 티스푼이 한 사이즈 크고 손잡
이도 깁니다. 티스푼을 내갈 때는 컵의 뒤쪽에 놓아야 컵을 들고 마시
는 데 방해가 되지 않습니다.

찻잎을 계량할 때 사용하는 티메이저는 귀여운 디자인의 제품들이
많습니다. 특별히 어떤 제품을 써야 정확하게 계량할 수 있다는 기준은
없지만, 찻잎을 계량하는 스푼을 하나로 정해서 사용하면 쉽게 정량을
파악할 수 있습니다.

티 스트레이너

찻잎을 받아주어 찻물만
티컵으로 안내하는 길잡이

티 스트레이너

Tea Strainer

홍차를 우아하게 따르기 위해서는
꼭 필요한 아이템 .

회전식 티 스트레이너는 컵에 걸쳐서
사용할 수 있어 편리하다.

구멍이 많은 유형은 기능적이
고 사용하기 편해서 추천한다.

찻잎을 안에 넣고 우리는 유형. 포트가
없을 때 유용하지만 찻잎은 가능하면 넓
은 공간에서 우리는 것이 좋다.

그물망이 촘촘한 유형을 사용하면
작은 찻잎도 잘 걸러준다.

티 스트레이너는 '차 거름망'을 말합니다. 티포트에 찻잎을 넣어 끓는
물을 붓고, 다 우려지면 따라서 옮기는 데에 티 스트레이너를 사용합니
다. 티 스트레이너에 찻잎을 넣고 그 위로 끓는 물을 부어서 홍차를 우
리는 사람도 있는데 이런 방법으로는 홍차의 성분과 감칠맛이 제대로
추출되지 않아 '색깔만 우러난 물'이 되기 십상입니다.

찻잎은 포트에서 제대로 우려낸 후에 티 스트레이너로 찻잎을 걸러
서 따릅시다. 이것이 맛있는 홍차를 마실 수 있는 비결입니다. 망이 성
기거나 구멍의 수가 지나치게 적은 제품은 여과가 잘 안 될 수도 있으
니 망이 촘촘한 것을 고르는 것도 중요한 포인트입니다.

티타임을 따뜻하게
만들어주는 인테리어

티 코지 & 타이머
& 티 매트
Tea Cosy & Timer & Tea Mat

티 코지

우려낸 홍차를 담은 티포트에 씌워두면
30분 정도는 뜨거운 홍차를 계속 즐길 수 있
다. 가능하면 두꺼운 쪽이 더 좋다.

기다리는 시간마저 즐겁게 해주는
티타임 속 실용적인 액세서리.

타이머(모래시계)

찻잎을 우려내는 시간을 정확하게 재는 것이
중요하다. 모래시계라면 차를 우리는 시간마
저도 근사하게 연출해 줄 것이다.

티 매트

우려낸 홍차의 보온은 물론, 포트의 열기로
테이블이 손상되는 것을 방지하기 위해서도
매트는 꼭 갖춰야 할 아이템이다.

'코지(Cozy)'는 영어로 '아늑하다'라는 뜻입니다. 티 코지는 포트에 씌
우는 보온용 덮개로, 티 코지를 사용하면 30분 정도는 뜨거운 홍차를
계속 즐길 수 있습니다. 집이나 동물, 인형 모양처럼 다양한 디자인의
제품들은 재미난 티타임을 연출해 줍니다. 포트 밑에 까는 티 매트와
세트로 된 제품을 활용하면 분위기 연출에 훨씬 효과적입니다.

홍차의 잎이 피어오르기까지의 순간은 마음이 차분해지고 따스해지
는 시간입니다. 이때 홍차 우리는 시간을 알려주는 아이템이 바로 모래
시계입니다. 디지털 타이머도 편리하지만 이 시간만큼은 아날로그 감
성으로 모래가 조금씩 떨어져 가는 순간을 음미해 보면 어떨까요?

1

맛있는 홍차를 위한 3요소

홍차에 최적인 물

공기를 한껏 머금은 신선한 물을
사용하는 것이 가장 좋다.

연수는 섬세한 풍미를 이끌어내고 경수는 거친 풍미를 잡아준다

그냥 마셨을 때 맛있는 물을 사용하면 홍차 맛도 좋을 거라고 생각하기 쉬운데 꼭 그렇지만은 않습니다. 홍차의 성분은 물의 성분에 반응하기 때문에 어떤 물을 사용하는지가 수색이나 맛의 깊이에 영향을 줍니다. 물은 '경수(硬水)'와 '연수(軟水)'로 나뉘는데, 물에 들어 있는 칼슘과 마그네슘의 농도가 높으면 경수, 낮으면 연수로 분류됩니다. 한국과 일본의 물은 대체로 연수에 속합니다.

　그렇다면 홍차를 맛있게 우리기 위해서는 연수와 경수, 어느 쪽을 사용하는 것이 좋을까요? 홍차의 종류와 블렌딩 방식에 따라 차이가 있기 때문에 어느 쪽이 좋다고 단정할 수는 없지만 연수는 홍차의 섬세한 풍미를 이끌어내는 반면, 경수는 거친 맛을 잡아줍니다. 따라서 향이 중요한 스트레이트 티에는 연수를, 감칠맛이 있는 밀크티에는 경수를 사용하면 각각의 특징을 잘 살린 홍차를 만들 수 있습니다. 홍차를 우릴 때 공기를 한껏 머금은 신선한 물을 사용하는 것이 홍차의 맛을 살려주는 첫 번째 요소임을 기억하길 바랍니다.

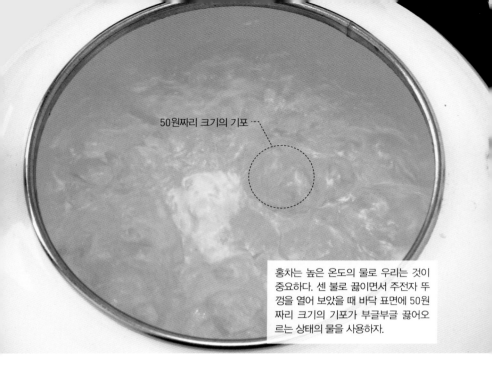

50원짜리 크기의 기포

홍차는 높은 온도의 물로 우리는 것이 중요하다. 센 불로 끓이면서 주전자 뚜껑을 열어 보았을 때 바닥 표면에 50원짜리 크기의 기포가 부글부글 끓어오르는 상태의 물을 사용하자.

최적의 물 만들기

미네랄워터

페트병에 들어 있는 물은 제품에 따라 함유한 성분이 달라서 홍차의 빛깔이나 풍미가 크게 달라질 수 있다. 미네랄워터를 사용할 때는 연수를 고른다.

수돗물

홍차를 우릴 때는 수돗물로도 충분하다. 정수기를 사용하면 더 좋다. 받아놓은 물은 산소량이 부족하기 때문에 홍차를 우리기 직전에 주전자에 수돗물을 받아서 끓이는 것이 바람직하다.

맛있는 홍차를 위한 3요소

찻잎과 끓는 물의 비율

기본적인 비율을 중심으로 스타일과
취향에 따라 조금씩 조절하자.

찻잎 3g에 끓는 물 200ml가 기본량

맛있는 홍차를 우리기 위해서는 찻잎과 끓는 물의 비율 또한 상당히 중요합니다. 우선은 찻잎과 끓는 물의 표준 비율을 익혀두어야 합니다. 이 기준이 확실하지 않으면 찻잎 종류나 마시는 목적에 따라 비율을 조절할 때 실수할 수 있습니다. 찻잎과 끓는 물의 기본 분량은 한 잔에 찻잎 3g, 끓는 물 200ml로 합니다.

끓는 물 200ml를 권하는 이유로는 세 가지를 들 수 있습니다. 잔의 수가 많아져도 계량하기 편하고, 최근에 나오는 컵은 크기가 조금 커지는 추세이며, 연한 홍차를 선호하는 일반적인 취향 때문입니다.

이 분량을 기본으로 본인이 진한 맛의 홍차를 좋아한다면 찻잎의 분량을 늘리거나 오래 우려냅니다. 반대로 연한 맛이 취향이라면 찻잎의 양을 줄이거나 짧게 우려냅니다. 그리고 밀크티에는 찻잎을 조금 넉넉하게 사용하면 좋습니다. 한 번에 다섯 잔 이상의 홍차를 우릴 때는 떫은맛과 풍미가 너무 강해지지 않도록 찻잎의 비율을 줄이는 것이 바람직합니다. 찻잎을 기본 분량의 약 80~90% 정도로 잡으면 향미의 균형이 적절하게 맞춰집니다.

잎차의 기본량과 우리는 시간		
※ 컵 1잔 기준		
찻잎 : 3g		
끓는 물 : 200ml		
우리는 시간 : 3분		

●포트에 넣어둔 찻잎에 끓는 물을 붓는다●

포트에 넣어둔 찻잎에 끓는 물을 부으면 찻잎이 점핑한다. 사진은 컵 2잔 분량이다. (점핑에 관해서는 P.34 참고)

●티 스트레이너로 걸러서 따른다●

잎차는 티 스트레이너로 걸러서 따라준다. 이때 마지막 한 방울인 '골든 드롭'까지 완전히 따라줘야 한다.

우릴 때는 소서 등을 뚜껑으로 활용하면 좋다.

티백의 기본량과 우리는 시간		
※ 컵 1잔 기준		
티백 : 1개		
끓는 물 : 200ml		
우리는 시간 : 1~2분		

맛있는 홍차를 위한 3요소

점핑

점핑은 맛있는 홍차가 보내는 사인.
찻잎을 춤추게 하는 끓는 물을 준비하자.

점핑으로 홍차의 풍미를 이끌어낸다

홍차의 감칠맛을 추출하여 맛있게
마시기 위해서는 '점핑(Jumping)'
이 매우 중요합니다. '점핑'이란 적
절한 분량의 찻잎에 적절한 온도
와 분량의 끓는 물을 부었을 때 티
포트 안에서 나타나는 찻잎의 상하
운동을 말합니다. 점핑이 일어나면
서 찻잎 하나하나가 끓는 물에 녹
아들어 최고의 홍차가 추출됩니다.

끓는 물에 함유된 산소량의 균
형이 상당히 중요하기 때문에 너무
오래 끓인 물도, 덜 끓어서 미지근
한 물도 홍차의 맛을 완전히 추출
하기에는 적합하지 않습니다.

찻잎이 든 티포트에 끓는 물을 부어준다.
힘차게 부어주는 것이 포인트.

찻잎이 수분을 머금고 서서히 피어나면서
점핑을 한다.

시간이 지나 수분을 머금은 찻잎이 무거워
지면 바닥으로 가라앉는다.

마지막에는 모든 찻잎이 바닥에 가라앉는데
이 과정에서 홍차의 풍미가 완전히 우러나
온다.

점핑 NG

너무 오래 끓인 물 NG

물을 너무 오래 끓이면 물속의 산소가 줄
어서 찻잎이 점핑하지 않고 가라앉는다. 결
국 맛과 향의 균형이 무너진 홍차가 된다.

미지근한 물 NG

충분히 끓지 않은 미지근한 물을 부으면
찻잎이 물 위로 떠오르면서 수색이 흐릿해
진다. 감칠맛도 완전히 추출되지 않는다.

잎차로 즐기는 홍차

하루에도 홍차를 몇 잔씩 마시는 영국인 친구가 있습니다.

그녀는 아무리 바빠도 홍차를 우리기 위해 주전자에 물을 받고

끓이는 그 순간, 포근하면서 따뜻한 기분이 든다고 말했습니다.

순서에 따라 정성스럽게 홍차를 우리는 시간은

마음까지 정갈하게 만드는 근사한 시간입니다.

캐서린 왕비가 영국 왕실에 알린 차 마시는 습관도,

빅토리아 시대부터 시작된 애프터눈 티도,

모두 잎차가 주인공인 티타임입니다.

잎차로 홍차를 우려내고 음미하는 이 시간은

시공을 초월하여 홍차의 즐거움을 공유할 수 있는

유일한 순간일지도 모릅니다.

다양한 모양과 재질의

티백으로 즐기는홍차

19세기에 홍차를 우릴 때마다 계량해야 하는 수고를 덜기 위해서 한 잔 분량의 찻잎을 미리 꺼내놓던 것이 티백의 시작이었습니다. 작은 거즈에 한 잔 분량의 찻잎을 넣고 네 모서리를 한데 모아 실로 묶은 것을 '티 볼(Tea Ball)'이라고 했는데 이것이 티백의 원조입니다.

    이후 색과 맛, 향기를 짧은 시간 안에 추출할 수 있도록 찻잎이 개선되면서 티백은 손쉽게 홍차를 즐길 수 있는 아이템이 되어 홍차의 소비량 증가에도 크게 이바지하고 있습니다.

싱글백(태그 없음)

한 잔용과 비교해 보면 찻잎
의 양이 많다. 티포트용으로
쓰이며 해외에서는 일반적인
유형이다.

싱글백

한 잔용 티백으로 해외에서
자주 볼 수 있는 유형이다. 태
그(Tag, 티백에 달린 끈)가 달려
있어 머그로 마실 때 편하다.

더블백

가장 많이 알려진 유형. 바닥
이 W자 모양으로 접혀 있어
서 4면에 액체가 골고루 닿을
수 있도록 만들어졌다.

나일론 메시 삼각 티백

티백용 찻잎이 아닌 잎차를
편하게 즐기기 위해 개발된
티백이다.

삼각 티백(태그 없음)

안쪽의 공간이 작은 주전자
같다고 해서 영국에서는 인기
가 많다. 티포트용으로 사용
한다.

삼각 티백

안쪽에 공간이 있어서 추출하
는 효율이 뛰어나다. 홍차의
향미를 손쉽게 즐길 수 있는
유형이다.

나일론 메시 삼각 티백(태그 없음)

잎차를 티포트에서 편하게 우릴 때
자주 사용한다.

나일론 메시 싱글백

국내에서는 만나기 어렵지만 잎차에
자주 사용한다.

《잎차》

스트레이트 티
Straight Tea

홍차를 우리는 기본 중의 기본.
중요한 요령을 모두 담았으니 잘 익혀두자.

OP 기준

BOP 기준

● 물을 끓인다 ●

산소를 한껏 머금은 신선한 물을 사용한다. 표
면에 50원짜리 크기의 기포가 올라와서 물결
이 일 때까지 끓여준다.

● 찻잎을 넣는다 ●

예열해 둔 티포트에 찻잎을 넣어준다. 분량은
한 잔에 티스푼 1술(약 3g).

※OP : 오렌지 페코
　BOP : 브로큰 오렌지 페코(자세한 내용은 P.55 참조)

● 끓는 물을 붓는다 ●

한 잔 분량인 끓는 물 200ml를 붓는다. 찻잎
위로 정확하고 힘차게 부어준다.

● 찻잎을 우린다 ●

티포트 뚜껑을 덮고 약 3분간 우린다. 타이머
를 보면서 정확히 시간을 잰다.

잎차로 스트레이트 티를 맛있게 우리려면

- 티포트는 예열해 둔다.
- 찻잎은 티스푼 1술 = 약 3g이 한 잔의 기본량이다.
- 물은 50원짜리 크기의 기포가 올라와 물결이 일 때까지 끓인다.
- 한 잔 분량인 끓는 물 200ml를 붓는다.
- 끓는 물을 붓고서 반드시 뚜껑을 덮어주고 3분 정도 우려낸다.

● 가볍게 저어준다 ●

전체적인 농도가 일정해지도록 찻잎을 가볍게 한 번 저어준다. 너무 많이 저으면 떫은맛이 배어나오니 주의한다.

● 티포트에 붓는다 ●

예열해 둔 별도의 티포트에 티 스트레이너를 사용해 부어준다. 마지막 한 방울까지 모두 따르는 것이 맛을 결정하는 비결이다.

● 컵에 따른다 ●

홍차는 찰랑거릴 정도로 채워져야 맛있어 보이니 듬뿍 따라준다.

《티백》
스트레이트 티
Straight Tea

맛의 비결은 티백을 흔들지 않고
느긋하게 기다리는 데 있다.

●따뜻한 물로 컵을 데운다●
우선 컵에 따뜻한 물을 부어서 예열한다.

●컵에 끓는 물을 따른다●
①의 따뜻한 물은 버리고 태그가 말려 들어가
지 않도록 끓인 물을 먼저 컵에 따라준다.

●티백을 넣는다●
티백을 컵 가장자리에서 조심스레 넣으며 서
서히 가라앉게 한다.

●뚜껑을 덮는다●
소서나 작은 접시를 활용해서 뚜껑을 덮어준
다. 타이머로 시간을 보면서 1~2분 정도 제
대로 우려준다.

⑤

● 찻잎을 우린다 ●

찻잎을 우리는 시간은 1~2분 정도. 처음에는
컵 표면에 티백이 떠올라 있다.

⑥

● 홍차 성분을 추출한다 ●

시간이 지나면서 티백이 점차 가라앉는다. 티
백은 절대 흔들지 않는다.

⑦

● 살며시 꺼낸다 ●

다 우러나면 전체적으로 잘 섞이도록 티백을
한 번 가볍게 흔들어주고 살며시 꺼낸다.

⑧

● 완성 ●

꺼낸 티백은 티백 받침 등 작은 접시에 올려
놓는다.

《잎차》

로열 밀크티
Royal Milk Tea

가장 중요한 포인트는 찻잎을 미리 끓는 물에 불려두는 것이다.

●찻잎을 끓는 물에 불린다●

내열 용기에 찻잎(한 잔 분량은 1큰술)을 넣고 찻잎이 잠길 정도까지 끓는 물을 붓는다. 사진은 컵 두 잔 분량이다.

●우유와 물을 가열한다●

손잡이가 달린 냄비에 우유와 물을 넣고 가열한다. 한 잔에 우유와 물은 각각 100ml씩(총 200ml), 1:1의 비율로 넣어준다.

●우유와 물을 끓인다●

냄비 안에 전체적으로 기포가 올라오기 시작하면 팔팔 끓기 직전에 불을 끈다.

●찻잎을 넣는다●

불을 끄고 불린 찻잎을 우려난 물까지 모두 냄비에 넣는다. 찻잎을 넣고 가볍게 저어준다.

잎차로 로열 밀크티를 맛있게 우리려면

- 우유와 물은 1:1 비율이 기본이다.
- 찻잎은 티스푼 1큰술이 한 잔 분량이다. 스트레이트 티보다 조금 넉넉하게 찻잎을 넣는다.
- 찻잎을 미리 끓는 물에 불려두면 성분이 더 잘 추출된다.
- 불린 찻잎은 우러난 물까지 모두 넣고 약 3~4분간 우린다.

● 뚜껑을 덮고 우린다 ●

뚜껑을 덮은 후 매트 위에 놓고 약 3~4분간 우린다. 스트레이트 티보다 조금 더 오래 우려 낸다.

● 냄비 안을 가볍게 저어준다 ●

우려낸 후에는 수색의 농도가 일정해지도록 가볍게 저어준다.

● 티포트에 붓는다 ●

티 스트레이너로 걸러서 우유의 막을 없애고 예열해 둔 별도의 티포트에 부어준다.

● 컵에 따른다 ●

컵에 따라준다. 취향에 따라 설탕을 더하면 감칠맛이 훨씬 살아나니 한번 시도해 보자.

《티백》

로열 밀크티

Royal Milk Tea

기본 분량 + 1개의 티백으로 홍차의 느낌을 살려
더욱 진한 맛으로 즐겨보자.

● 티백을 끓는 물에 불린다 ●

내열 용기에 티백(기본 분량+1개)을 넣고 티백
이 잠길 정도까지 끓는 물을 부어준다. 사진은
두 잔 분량이다.

● 우유와 물을 가열한다 ●

손잡이 달린 냄비에 우유와 물을 넣고 가열
한다. 한 잔에 우유와 물은 각각 100ml씩
(총 200ml) 1:1의 비율로 넣어준다.

● 티백을 넣는다 ●

우유와 물이 팔팔 끓어오르기 직전에 불을 끄
고, 불려둔 티백을 우러난 물까지 모두 냄비에
넣어준다.

● 뚜껑을 덮고 우린다 ●

뚜껑을 덮고 매트를 깔고서 약 3분간 우려낸
다. 티백으로 만드는 스트레이트 티보다 좀 더
길게 우린다.

티백으로 로열 밀크티를 맛있게 우리려면

- 우유와 물은 1:1 비율이 기본이다.
- 티백은 기본 분량(한 잔에 1개) +1개를 사용한다.
- 끓는 물에 미리 티백을 불려놓는다.
- 티백은 우러난 물까지 모두 넣고 약 3분간 우린다.
- 티 스트레이너로 걸러내면 뛰어난 식감의 부드러운 밀크티가 완성된다.

● 티백을 꺼낸다 ●

티백을 조심스럽게 들고 수색의 농도가 일정
해지도록 냄비 안을 가볍게 저어준다.

● 포트에 붓는다 ●

티 스트레이너로 걸러서 우유의 막을 없애고
예열해 둔 별도의 포트에 붓는다.

● 컵에 따른다 ●

잎차의 풍미와도 견줄만한 맛있는 로열 밀크
티가 완성된다.

맛있게 우리는 방법

How to make tea

5

《잎차》

아이스티
Iced Tea

짧은 시간 안에 완전히 우려내서 빠르게 식혀주면
투명감 있는 아이스티를 만들 수 있다.

● 2배 진한 뜨거운 차를 만든다 ●

티포트에 찻잎(한 잔에 티스푼 1술)을 넣고 끓는
물(100ml)을 부어 2배 진한 뜨거운 차를 만들
어준다.

● 찻잎을 우린다 ●

티포트의 뚜껑을 덮고 우린다. 약 90초 동안
우려준다. 일반적인 뜨거운 차를 우리는 시간
의 절반 정도이다.

● 가볍게 저어준다 ●

농도가 일정해지도록 찻잎을 가볍게 저어준
다. 너무 많이 저으면 떫은맛이 배어나오니
주의하자.

● 별도의 용기에 옮긴다 ●

티 스트레이너로 걸러서 별도의 포트나 내열
용기에 부어준다.

- 찻잎은 티스푼 1술=약 3g이 한 잔 분량이다.
- 한 잔에 끓는 물 100ml를 붓는다.
- 약 90초가량 우린다. 일반적인 잎차 우리는 시간의 절반 정도이다.
- 달콤하게 마시고 싶을 때는 유리컵에 따르기 전에 그래뉴당(Granualated Sugar, 입자가 곱고 순도가 높은 설탕의 한 종류)을 넣어준다.

5

● 유리컵에
얼음을 넣는다 ●

얼음을 유리컵에 가득
넣는다. 잔에서 흘러넘
치지 않을 정도만 넣어
준다.

6

● 홍차를 따른다 ●

유리컵에 뜨거운 홍차
를 한 번에 따른다. 달
콤하게 마시고 싶을 때
는 유리컵에 따르기 전
에 뜨거운 홍차에 그래
뉴당을 넣어준다.

7

● 머들러로 잘 저어준다 ●

머들러로 가볍게 저어주면 완성이다.
컵받침 대신에 종이 냅킨을 깐 소서를
활용해도 근사하다.

《티백》

아이스티
Iced Tea

투명감 있는 정통 아이스티를 티백으로도
간단하게 만들 수 있다.

● 2배 진한 뜨거운 차를 만든다 ●

끓는 물을 티포트에 부어준다. 한 잔에 끓는
물 100ml를 사용합니다.

● 티백을 넣는다 ●

티포트 가장자리에서 살며시 티백을 넣어 서
서히 가라앉게 한다.

● 찻잎을 우린다 ●

뚜껑을 덮고 찻잎을 1분 정도 우린다. 너무 오
래 우리면 홍차의 투명감 있는 풍미가 사라질
수 있다.

● 살며시 꺼낸다 ●

다 우러나면 전체적으로 잘 섞이도록 티백으
로 가볍게 저어주고 살며시 꺼낸다.

5

● 유리컵에 얼음을
넣는다 ●

넘치지 않을 정도로만
유리컵에 얼음을 가득
넣는다.

6

● 홍차를 따른다 ●

유리컵에 홍차를 따라
서 식힌다. 달콤하게 마
시고 싶을 때는 유리컵
에 따르기 전에 뜨거운
홍차에 그래뉴당을 넣
어준다.

7

● 머들러로 잘 저어준다 ●

머들러로 가볍게 저어주면 완성이다.
얼음이 녹았다면 더 넣어도 좋다.

레몬·설탕·우유 사용법

홍차에 넣는 방식에 따라
맛도 분위기도 세련되게 변한다.

● 레몬 넣는 법 ●

아이스티에는

레몬 과육의 결과 반
대로 직각으로 칼집을
내서 유리컵 가장자리
에 꽂아주면 안정감도
있고 화려해 보인다.

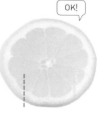

OK!

뜨거운 차에는

가볍게 저어주고서 바로 꺼낸다. 이렇게
만 해도 레몬 향이 충분히 배어난다. 꺼낸
레몬은 컵 뒤쪽에 두는 것이 매너다.

NG!

레몬 과육의 결에 따라
칼집을 내면 레몬이 예
쁘게 꽂히지 않다.

레몬·설탕·우유를 더하여 나만의 풍미로

영국에서는 많은 사람들이 홍차에 우유와 설탕을 듬뿍 넣어 마십니다.
'러시안 티'로도 불리는 레몬 티는 잘 마시지 않는데 러시안 티는 빅토
리아 여왕이 러시아로 시집보낸 손녀와 재회할 때 레몬 티를 대접 받은
데서 유래한 이름입니다. 홍차는 기호 식품이므로 취향에 맞는 스타일
을 찾아 즐기는 것이 중요합니다.

● 설탕 넣는 법 ●

그래뉴당이나 각설탕을 사용하는 것이 가장
좋다. 특히 그래뉴당은 빨리 녹기 때문에 어
떤 찻잎과도 잘 어울린다. 밀크티에 넣으면
밀크티만의 부드러움을 한층 높여준다.

각설탕

그래뉴당

● 우유 넣는 법 ●

밀크 인 애프터(Milk in After)

홍차를 먼저 따르고 우유를 넣는다. 우
유는 데우지 않고 사용한다. 밀크 인
퍼스트보다 맛을 조절하기 쉽다.

찬 우유가 별로라면
밀크피처를 끓는 물로
예열해 둔다.

밀크 인 퍼스트(Milk in First)

1	2	3
먼저 컵에 우유를 따른다. 우유는 데우지 않는다.	우유를 따른 컵에 홍차를 조금씩 넣어준다.	홍차를 다 따른 모습이다. 밀크 인 퍼스트는 밀크 인 애프터보다 부드러운 식감을 느낄 수 있다.

알아두면 좋은 찻잎 상식
About tea leaf

1

홍차·녹차·
우롱차의 차이점

홍차·녹차·우롱차 모두 동일한
차나무의 잎을 원료로 만든다.

홍차(Tea)

채취한 잎을 시들게 하고
서 기계에 넣어 비벼주면
산화가 촉진된다. 공정 마
지막 단계에서 열을 가해
산화 진행을 멈춘 것이 홍
차이다.

우롱차(Oolong tea)

제다 공정의 중간 단계에서 열을 가해 산화가
일어나는 것을 멈춘 것이 우롱차이다.

녹차(Green tea)

갓 딴 생잎에 즉시 열을 가해, 제다(製茶, 차 제조)
공정의 초기 단계에서 산화가 일어나는 것을 멈
춘 것이 녹차이다.

잎의 산화 작용에 따라 세 종류로 나뉜다

홍차와 녹차, 그리고 우롱차는 모두 동일한 차나무에서 만들어집니다.
잎에 포함된 산소의 산화 작용을 충분히 활성화시켜 만든 것이 홍차,
산소의 산화 작용을 중간 단계에서 멈춘 것이 우롱차, 그리고 잎을 딴
후 바로 산화 작용을 멈춘 것이 녹차입니다.

차나무는 동백나무 과에 속하는 상록수로, 학명은 카멜리아 시넨시스
(Camellia Sinensis)라고 합니다. 품종은 크게 인도의 아삼종과 중국종
으로 나뉘는데 일반적으로 아삼종은 홍차용, 중국종은 녹차용으로 알
려져 있습니다.

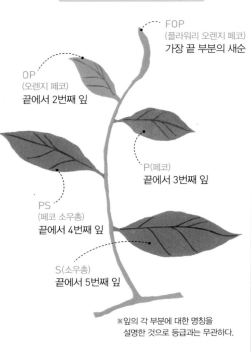

● 잎의 부위와 명칭

FOP
(플라워리 오렌지 페코)
가장 끝 부분의 새순

OP
(오렌지 페코)
끝에서 2번째 잎

P(페코)
끝에서 3번째 잎

PS
(페코 소우총)
끝에서 4번째 잎

S(소우총)
끝에서 5번째 잎

※잎의 각 부분에 대한 명칭을
설명한 것으로 등급과는 무관하다.

알아두면 좋은 찻잎 상식
About tea leaf

2

찻잎의 등급

등급은 찻잎의 크기를 말하며,
찻잎의 크기에 따라 맛도 달라진다.

《대표적인 찻잎 등급》

OP(오렌지 페코)
가늘고 끝이 뾰족한 긴 잎으로 새순을 함유하여 강한 맛과 향을 낸다.

P(페코)
OP보다 짧고 잎이 약간 두꺼워서 잘 비벼져 있다.

BP(브로큰 페코)
BOP보다 좀 더 크고 평평한 모양이 많다.

BOP(브로큰 오렌지 페코)
찻잎이 잘 비벼져 있고 수요 제일 많다.

BOPF(브로큰 오렌지 페코 패닝)
BOP보다 더 작고 추출도 빨라서 블렌딩에 많이 사용된다.

F(패닝)
BOPF를 한 번 더 걸러서 분류한 것인데, D보다는 사이즈가 크다.

D(더스트)
잎의 사이즈가 가장 작은 것을 말한다.

찻잎의 등급이 품질의 차이를 결정하는 것은 아니다

'등급'이라고 하면 찻잎의 좋고 나쁨을 생각하기 쉬운데 그런 의미는 아닙니다. 찻잎의 등급은 찻잎의 크기 단위를 말합니다. 예를 들면 'OP'는 잎이 큰 유형, 'BOP'는 잎이 작은 유형을 의미하는데 이 두 가지가 잎 크기의 기본적인 유형입니다. 등급은 구체적으로 나뉘지만 국제적으로 통일된 기준이 있는 것은 아니기 때문에 국가나 산지에 따라서 다소 차이가 있습니다.

홍차·녹차의 퀄리티 시즌

1년 중에 향과 맛이 가장 우수한
차가 생산되는 최고의 시즌.

스리랑카의 찻잎 따는 풍경

스리랑카의 다원

퀄리티 시즌은 나라와 산지별로 크게 다르다

홍차는 기본적으로 1년 내내 생산
되는데 그중 각 산지에서 가장 좋
은 품질의 차가 수확되는 계절을
'퀄리티 시즌'이라고 합니다. 퀄
리티 시즌은 산지에 따라 많은 차
이가 있습니다. 그 예로 인도에서
는 수확시기에 따라 퀄리티 시즌
이 나뉘는데 '퍼스트 플러시(봄 수
확)'와 '세컨드 플러시(여름 수확)'
가 대표적입니다. 한편 스리랑카
에서는 산악지대 서쪽의 딤불라
가 1~3월, 동쪽의 우바가 7~9월
로 퀄리티 시즌이 각각 겨울과 여
름으로 정반대입니다.

퀄리티 시즌 캘린더

산지 월	스리랑카		인도	
1	누와라 엘리야		닐기리	
2		딤불라		
3			다르질링 퍼스트 플러시	
4				
5			다르질링 세컨드 플러시	아삼 세컨드 플러시
6	누와라 엘리야			
7		우바	우다 푸셀 라와	
8				
9				
10			다르질링 오텀널	
11				
12				

※해마다 퀄리티 시즌은 약간의 전후 변동이 있을 수 있다.
출처 : 아이케이코퍼레이션의 《홍차의 보건 기능과 문화》

잎차

맛뿐만 아니라 빛깔과 찻잎이 천천히 피어오르는 모습도 함께 즐길 수 있다.

홍차 형태의 차이

목적과 상황에 따라
즐기는 법도 다양하다.

티백

짧은 시간 안에 색과 맛, 향기가 모두 추출될 수 있도록 특별한 제법으로 만들어진 제품이 많다.

가루

끓는 물을 붓고 저어주기만 하면 끝. 최근 몇 년 사이에 가장 수요가 많이 늘어난 유형이다.

최근 젊은 층을 중심으로 인기가 상승한 가루 차

영국과 일본의 홍차 시장에서는 티백의 수요가 가장 높습니다. 잎차의 소비량은 해마다 줄어들고 있는데 최근 그 자리를 대신하여 가루 차의 소비가 늘고 있습니다. 가루 차는 끓는 물을 붓고 저어주기만 하면 되기 때문에 마시기 쉽고 휴대하기 편해서 젊은 층에게 인기가 높습니다. 밀크티나 과일 맛처럼 맛의 종류도 풍부해졌습니다.

간편하게 즐기는 가루 차, 찻잎의 처리가 쉬운 티백, 느긋하게 음미할 수 있는 잎차까지 다양한 형태로 홍차를 즐길 수 있습니다.

알아두면 좋은 찻잎 상식
About tea leaf

5

찻잎에
함유된 성분

홍차에는 몸에 좋은
여러 성분들이 포함되어 있다.

전문가들도 인정한 몸에 좋은 홍차 성분

유럽인들이 처음으로 차에 대한 정보를 기록한 것은 1550년 베네치아의 저술가 조반니 바티스타 라무지오가 쓴 《항해와 여행(Delle Navigationi et Viaggi)》으로 알려져 있습니다. 중국에서 고열과 두통, 위통에 효과적인 '차이'라는 차를 마신다는 사실을 페르시아 상인들에게 전해 들었다고 합니다. 이후 1650년대 영국의 커피 하우스의 포스터와 광고에서도 차를 만병에 효과적인 음료라고 선전했습니다. 아마도 사람들은 차와 건강의 상관관계를 경험적으로 직감하고 있었던 모양입니다.

최근에는 다양한 연구들로 홍차의 항산화 작용 및 혈관과 혈액 건강에 미치는 긍정적인 영향들이 소개되고 있습니다. 몸에 좋다고 알려진 식재료들은 많지만 그중에서도 홍차는 몇 잔을 마셔도 질리지 않고 매일의 식생활 속 어디든 잘 어울립니다. 게다가 꾸준하게 마실 수 있다는 것 또한 큰 장점입니다. 활성산소를 제거한다고 알려진 항산화 물질은 꾸준하게 먹어야 효과가 있는데 여기에 다른 항산화 물질과 함께 섭취하면 시너지 효과도 기대할 수 있습니다. 매일 마실 수 있고 항산화 수준도 높은 홍차는 건강 관리에 도움을 주는 유용한 음료입니다.

몸과 마음을 위로하는
홍차 성분

강력한 항산화 작용
-홍차 플라보노이드-

홍차 플라보노이드는 폴리페놀의 한 종류로 질병과 노화의 원인인 활성산소의 유해함을 막아주는 역할을 한다. 활성산소를 억제하고 건강을 유지하는 데 공헌하는 주목할 만한 성분이다.

혈관 건강을 유지
-홍차 플라보노이드-

홍차 플라보노이드는 혈관 건강에도 도움을 준다. 혈관의 노화나 동맥경화 같은 질병을 예방하고 혈당과 혈중 콜레스테롤을 억제하는 효과도 기대할 수 있다.

독감 예방
-홍차 플라보노이드-

홍차 플라보노이드 속에 포함된 테아플라빈에는 바이러스 살균 효과가 있는데, 홍차로 입을 헹구면 바이러스가 체내로 들어가는 것을 예방할 수 있다고 한다.

긴장 완화 & 집중력 향상
-테아닌-

테아닌은 아미노산의 한 종류로 차에 포함된 독특한 성분이다. 섭취하면 뇌에서 알파파가 발생해 기분이 편안해지고 머리가 맑아져서 집중력도 높아진다.

지방의 연소를 촉진
-카페인-

카페인을 섭취한 후에 유산소 운동을 하면 체내에 있는 지방의 연소가 촉진된다고 하니 다이어트에도 효과적이다.

충치 예방
-불소-

미네랄의 한 종류인 불소는 치아의 에나멜질을 강화해서 충치를 예방해 준다. 홍차에도 함유되어 있어서 식후에 무설탕 홍차를 마시면 효과가 있다고 한다.

가향차와
허브차

가향차와 허브차의
차이를 알아보자.

가향차(Flavored Tea)

건조시킨 찻잎에 향료를 넣어 향기를
입힌 홍차. 일본에서는 '착향차(着香茶)'
라고도 한다.

허브차(Herb Tea)

허브를 건조시켜서 음료용으로 만든 것을
말한다. 가향차와 달리 홍차가 아니다.

가향차는 홍차의 일종으로 허브차와는 다르다

얼 그레이나 애플티처럼 산뜻한 풍미의 '가향차'와 로즈 페탈 같은 '허
브차'의 차이점은 무엇일까요? 홍차의 찻잎은 다른 향을 잘 흡수하는
특성이 있습니다. 이 성질을 활용해서 꽃이나 과일, 향신료에서 추출한
오일로 찻잎에 향기를 입히는데 이것이 바로 '가향차'입니다. 그래서
가향차는 홍차에 속합니다. 한편 허브차는 허브의 잎이나 줄기를 건조
시켜서 음료용으로 만든 것으로 홍차가 섞여 있다면 가향차의 한 종류
로도 볼 수 있지만 허브로만 이루어진 것은 홍차와는 전혀 다릅니다.

얼 그레이

베르가모트 향의 홍차인 얼 그레이는 중국 차에 향을 입힌 클래식한 느낌부터 꽃이나 과일 껍질을 섞은 화려한 것까지 다양한 종류가 있다. 베이스 찻잎이 다양한 만큼 맛에도 차이가 있고 향의 강도도 각 브랜드마다 다르다.

얼 그레이

얼 그레이
(꽃잎이나 과일 껍질 등 혼합)

크리스마스 차

생강이나 시나몬, 과일 껍질 등을 블렌딩한 크리스마스 차는 몸을 따뜻하게 해주는 스파이시한 맛이 특징이다. 매년 시즌이 되면 브랜드별로 각각의 개성을 담은 다양한 제품을 만나볼 수 있다.

크리스마스 차

과일 차

유럽에서는 과일의 과육을 건조시킨 과일 차도 인기가 높다. 수색도 선명하고 카페인이 없어서 시간대에 구애받지 않고 마실 수 있다. 과일 종류에 따라 단맛과 산미가 다르다는 점도 큰 매력이다.

과일 차

그 밖의 가향차와 허브차

유럽에서는 일종의 약으로 생각하고 마시는 차도 있다. 종류가 꽤 다양한데 편하게 마실 수 있도록 혼합되어 있는 차도 있고, 홍차와 블렌딩한 차도 만나볼 수 있다. 허브차는 기본적으로 수색이 연하고 카페인이 없어서 잠들기 직전에도 잘 어울린다.

로즈 페탈

레몬버베나

라벤더

7
보관 방법과 유통기한

홍차는 밀폐 용기에 넣어 온도
변화가 적은 장소에 보관한다.

한 번 개봉한 홍차는 3개월 이내에 모두 사용한다

영국에서는 맛있는 홍차를 우리기 위한 다섯 가지 원칙 중의 하나로
'품질 좋은 홍차를 사용할 것'이라는 항목이 있습니다. 여기서 말하는
좋은 품질은 '보관 상태가 좋은 홍차'라는 의미도 포함됩니다. 다른 식
품들과 마찬가지로 홍차도 상품 포장지에 유통기한을 표시하는데 기재
된 기한은 개봉하기 전의 기한을 말합니다. 한 번 개봉하면 이 기한과
는 관계없이 가급적 3개월 이내에 모두 사용하는 것이 바람직합니다.

　홍차의 생명은 향입니다. 뚜껑을 열어서 공기와 접촉하는 횟수가 늘
어나면 홍차의 풍미도 점차 손상되기 때문에 주의가 필요합니다. 개봉
한 잎차와 종이로 포장된 티백 제품은 반드시 밀폐 용기에 담아 보관합
니다. 또한 홍차는 냄새를 잘 흡수하기 때문에 가향차를 넣었던 캔 속
에 다른 종류의 홍차를 넣는 것은 피해야 합니다. 보관 장소는 주방이
나 거실의 수납장이 가장 좋습니다. 심한 온도 변화는 품질 저하의 원
인이 되므로 전자레인지나 오븐, 창문 가까이에는 두지 않습니다. 냉장
고나 냉동실도 좋지 않습니다. 더욱이 냉동실에 넣어두면 결로 현상으
로 찻잎이 엉망이 되어 사용하지 못하게 됩니다.

◦ 맛있는 홍차를 위한 5원칙 ◦

1. 품질 좋은 홍차를 사용한다.
2. 티포트를 예열한다.
3. 찻잎의 양을 정확하게 계량한다.
4. 물은 즉시 받아서 끓이고, 끓는 물을 곧바로 사용한다.
5. 찻잎을 우리는 동안 여유롭게 기다린다.

개봉 후 3개월 이내로
개봉하지 않은 차는 상품에 쓰여 있는 유통기한 이내, 개봉 후에는 3개월 이내에 모두 사용한다.

밀폐 용기에 보관
개봉한 홍차는 반드시 밀폐 용기에 넣어서 보관한다. 밀봉이 잘되는 캔이나 병 같은 용기에 넣는 것이 바람직하다. 또한 지퍼백을 사용할 때는 안쪽의 공기를 전부 빼내고 보관한다.

세계 각국에서
홍차를 즐기는 법

전 세계의 많은 사람들이 즐겨 마시는 '홍차.'
각국에서 홍차를 즐기는 방식을 살펴보자.

🇬🇧 영국 United Kingdom

국민 음료로 일반가정에서 많이 마신다

영국인에게 홍차는 국민적 인기를 누리는 음료입니다. 홍차를 즐기는 사람의 98%가 우유를 넣은 영국식 밀크티를 마신다는 통계가 보여주는 것처럼 진한 홍차에 우유를 넣어 마시는 경우가 대부분입니다. 설탕을 넣는 사람은 절반이 안 되고, 소비 전체의 96%가 티백이라는 조사 결과도 있습니다.

영국 하면 가정이나 직장, 어디서나 홍차를 즐기는 이미지가 있습니다. 하지만 대다수의 사람들이 직장이나 외식할 때보다도 집에서 홍차를 마신다고 하니 대단히 가정적인 음료라는 사실 또한 조사 결과로 짐작할 수 있습니다.

🇫🇷 프랑스 France

가향차를 중심으로 스트레이트 티가 주류

향기의 나라답게 프랑스의 홍차 시장은 가향차의 종류가 다양한 것이 큰 특징입니다. 블렌드 티도 가벼운 느낌의 스트레이트 티가 주류이고 다소 깔끔한 풍미의 홍차를 좋아하는 사람이 많아서 영국만큼 밀크티를 자주 찾아보기는 힘듭니다.

커피를 마시는 카페의 인상이 강한 프랑스에는 홍차를 즐기는 살롱인 '살롱 드 떼(Salon De The)'라는 공간이 있습니다. 살롱 드 떼는 여성들이 여유롭게 홍차를 즐기면서 담소를 나누는 장소로 큰 인기를 누리고 있습니다.

🦁 스리랑카 Sri Lanka

아침 티타임을 중시하고 밀크티를 많이 마신다

오랜 기간 영국의 지배를 받으며 다원이 개간된 영향으로 홍차를 마시는 문화가 깊게 자리 잡고 있습니다. 그래서 영국의 티타임과는 공통분모가 많습니다. 많은 스리랑카 사람들이 아침 티타임을 상당히 중요하게 생각합니다. 주로 밀크티를 많이 마시는데, 보통 액체가 아닌 분말 우유를 뜨거운 물에 타서 사용합니다. 더운 나라인데도 아이스티는 그다지 즐기지 않습니다.

🇮🇳 인도 India

가정에서도 직장에서도 어디서나 티타임을 갖는다

인도는 세계적으로 손꼽히는 홍차 생산국으로 인도 국내의 총소비량 역시 세계 최고 수준에 이릅니다. 가정에서는 하루에 2잔씩은 홍차를 꼭 마시고 직장에서도 티타임이 마련되어 있습니다.

'차이'는 인도 사람들이 일상적으로 마시는 홍차입니다. 자잘한 찻잎을 끓여서 우유와 향신료를 더해 만드는, 진하고 부드러운 식감의 홍차는 인도인에게 결코 없어서는 안 될 존재입니다. 자주 쓰는 향신료는 주로 생강이나 카르다몸(Cardamom)인데 어떤 향신료를 쓰는가는 개인의 기호마다 조금씩 차이가 있습니다.

🇨🇳 중국 China

차의 종류는 많지만 녹차를 자주 마신다

중국에서는 차를 수색에 따라 여섯 종류로 구분하는데 이중에서도 녹차의 비중이 압도적으로 높습니다. 사람들은 휴대용 병에 찻잎을 넣어 뜨거운 물을 붓고 그 병을 들고 다니면서 마십니다. 차를 다 마시면 다시 뜨거운 물을 부어서 같은 찻잎으로 몇 번이나 차를 우려서 마십니다.

차의 종류도 많고 워낙 광활한 나라여서 마시는 방법도 지방마다 제각각이고, 다관(茶館)도 여기저기서 자주 볼 수 있어 사람들과 교류할 때는 차를 마시는 것이 습관처럼 되어 있습니다.

▬ 러시아 Russia

러시안 티의 본고장에서는 잼과 함께 홍차를 마신다

러시아의 홍차 하면 금속 재질의 물을 끓이는 기구인 '사모바르(Samovar)'가 떠오르는데 지금은 대부분 다른 나라와 마찬가지로 일반적인 티포트를 사용합니다. 러시아의 홍차 국내 총소비량이 매우 높은 것을 보면 일상적으로 홍차를 자주 마신다는 사실을 알 수 있습니다.

보통 '러시안 티'라고 하면 홍차에 딸기 잼을 넣고 저어서 마시는 스타일을 떠올리지만, 실제 러시아에서는 잼을 홍차에 넣는 것이 아니라 핥아 먹으며 홍차를 마시는 경우가 대부분입니다.

☪ 터키 Turkey

세계적인 홍차 소비국으로 달콤한 차이를 많이 마신다

터키는 홍차의 총소비량이 세계 최고 수준에 이를 만큼 기호 음료의 중심에 홍차가 있습니다. '차이단륵(çaydanlık)'이라는 2단으로 된 스테인리스 재질의 티포트에서 차이를 우리고 '차이바르다그(çayBardağı)'라는 독특한 모양의 컵에 따라서 마시는 것이 일반적입니다.

터키에서 마시는 차이는 보통 우유를 빼고 설탕을 많이 넣은 달콤한 스타일이 많습니다. '차이하네(çayhane)'라는 전통적인 티룸도 많아서 집에서든 밖에서든 티타임을 즐기는 문화가 자리 잡고 있습니다.

▬ 말레이시아 Malaysia

연유를 넣은 달콤한 홍차를 즐기다

일본과 미국 등지에 많은 양의 홍차를 수출하는 말레이시아는 홍차 재배지로 잘 알려져 있습니다. 현지에서는 인도계 사람들이 자주 마시는 '떼따릭(Teh Tarik)'이 유명합니다. 떼따릭은 홍차에 연유를 넣은 달콤한 풍미의 말레이시아식 밀크티입니다. 홍차가 담긴 용기를 높이 들어 올려서 별도의 용기에 쏟아붓는 과정을 여러 번 거치다 보면 부드러운 식감의 떼따릭이 만들어집니다. 이 퍼포먼스는 말레이시아에서 경연대회가 열릴 정도로 유명하여 관광객들도 높은 관심을 보입니다.

Part

2

찻잎으로 보는
세계의 산지

Tea production areas in the world

전 세계 30개국 이상의
나라에서 홍차가 생산됩니다.
주요 산지와 대표적인 찻잎의 특징을
알아보고 폭넓은 선택의
즐거움을 느껴보세요.

영국
주요 생산국은 아니지만 최근에 들어서 아주 적은 양의 재배가 이루어지고 있다.
→ P.99

네팔
인도의 다르질링과 가까운 히말라야 산기슭 지대의 동쪽에서 주로 생산된다.
→ P.98

터키
흑해와 접해 있는 북동부 지역이 주요 산지이다. 20세기부터 생산을 시작했다.
→ P.99

방글라데시
19세기부터 홍차가 생산되었다. 북부를 중심으로 생산되고 있다.
→ P.99

케냐
최근 몇 년 사이에 세계 유수의 홍차 생산국으로 급성장한 산지이다.
→ P.91

인도
세계 최대 규모의 생산국 중 하나로 북부와 남부의 특징이 각각 다르다.
→ P.80

스리랑카
일본으로 수입되는 홍차의 절반 이상이 스리랑카산이다. 해발고도를 기준으로 분류된다.
→ P.72

탄자니아
남부 고원 지대와 북동부 등지에서 차가 생산되며 티백용 차가 중심이다.
→ P.91

말라위
19세기 후반부터 생산을 시작했다. 티백용 찻잎을 주로 생산한다.
→ P.91

베트남
예전에는 녹차 생산이 많았으나 최근에는 홍차 생산이 늘고 있는 추세이다.
→ P.98

세계의 홍차 산지

홍차의 맛과 향기는 산지에서 결정된다

홍차를 생산하는 나라는 전 세계적으로 30개 국 이상에 이릅니다. 홍차의 종류는 기본적으로 산지에 따라 분류되며, 각 지역의 토양이나 기후에 영향을 받기 때문에 다양한 특색을 가진 홍차들이 생산됩니다. 이번 장에서는 주요 생산국과 각각의 찻잎에 대해 소개합니다.

일본

뛰어난 향과 부드러운 맛의 일본식 '화홍차'로 주목받고 있다.

→ P.92

중국

차의 발상지. 녹차를 중심으로 세계 최고의 연간 차 생산율을 자랑한다.

→ P.88

인도네시아

주요 생산지는 자바섬 서부이다. 20세기 후반부터 생산량이 높아졌다.

→ P.97

수치로 보는 홍차의 동향

생산량과 수출량의 수치를 통해 각 산지의 홍차에 대한 동향을 살펴보자.

중국에서 생겨난 차는 현재 30개국 이상에서 생산이 이루어지고 있습니다. 전 세계에서 생산되는 차의 총생산량은 연간 400만 톤에 이르는데 홍차가 그 절반 이상을 차지합니다.

홍차의 생산지로는 인도와 스리랑카, 중국, 인도네시아 등이 유명합니다. 최근에는 케냐를 중심으로 동아프리카 일대의 국가에서 생산량이 늘고 있는 추세이나, 여전히 대부분의 산지들은 적도와 북회귀선 사이에 위치합니다. 일본에서도 홍차를 생산하지만 생산량보다는 수입량이 압도적으로 많습니다.

일본의 주요 홍차 수입국(2014년)

		국가	수량(kg)			국가	수량(kg)
♛	1	스리랑카	9,502,313	♛	8	미국	69,119
♛	2	인도	3,083,497	♛	9	베트남	41,164
♛	3	케냐	1,237,949	♛	10	대만	37,409
♛	4	인도네시아	608,698	♛	11	네팔	23,151
♛	5	중국	449,030	♛	12	방글라데시	22,356
♛	6	말라위	187,070	♛	13	탄자니아	17,760
♛	7	영국	75,574	♛	14	터키	17,695

출처 : 일본 재무성 《무역통계》

주요 국가의 찻잎 수출량(2013년)

(단위: t)

주요 국가의 홍차 생산량(2013년)

(단위: g)

※ 국제차위원회(INTERNATIONAL TEA COMMITTEE)의 공식 발표 수치에서 일본홍차협회와 같은 산출 방식으로 차의 총 합계에서
녹차를 뺀 수치.

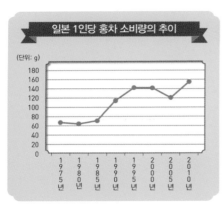

일본 1인당 홍차 소비량의 추이

(단위: g)

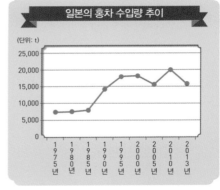

일본의 홍차 수입량 추이

(단위: t)

출처 : 일본홍차협회 《홍차통계》

●산지 페이지 보는 방법●

72페이지부터 소개하는 각 산지의 찻잎에 대한 특징은 아래와 같이 표와 그래프로 표시한다.

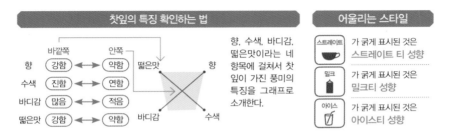

찻잎의 특징 확인하는 법

향, 수색, 바디감, 떫은맛이라는 네 항목에 걸쳐서 찻잎이 가진 풍미의 특징을 그래프로 소개한다.

어울리는 스타일

스트레이트 가 굵게 표시된 것은 **스트레이트 티 성향**

밀크 가 굵게 표시된 것은 **밀크티 성향**

아이스 가 굵게 표시된 것은 **아이스티 성향**

해발고도에 따라 3종류로 분류된다

스리랑카의 홍차

Sri Lanka

산악지대를 중심으로
1년 내내 찻잎을 생산한다.

누와라엘리야
(P.76)

캔디
(P.78)

우다 푸셀라와
(P.77)

딤불라
(P.75)

우바
(P.74)

루후나
(P.79)

딤불라의 다원과
찻잎 따는 여성들

누와라엘리야의 다원

커피 재배를 대신하여 홍차 산업이 발전

인도 남부에 위치한 섬나라인 스리랑카는 세계적으로 손꼽히는 홍차 생산지입니다. 국토는 일본의 홋카이도보다 조금 작은 규모로 영국으로부터 독립하기 전에는 실론이라는 국명을 사용했습니다. 현재까지도 실론 티로 불리는 스리랑카의 홍차 산업은 1860년대부터 시작되었습니다. 이전에는 커피 산업이 활발했지만 커피나무를 말려 죽이는 '녹병'이 유행하면서 커피 재배가 큰 타격을 입게 되었습니다. 이를 계기로 홍차가 새로운 산업 분야로 떠올라 큰 발전을 이루게 된 것입니다.

스리랑카의 홍차 재배 지역은 해발고도에 따라 3가지로 분류됩니다. 일본에서는 하이그로운 티가 많이 유통되지만 실제 생산량은 로우그로운 티가 압도적으로 많습니다. 로우그로운 티는 중동 지역의 사람들에

● 스리랑카의 찻잎 분류 ●

1 해발고도 1200m 이상   하이그로운(High grown) 티

해발고도가 높은 지역에서 재배된 찻잎은 우수한 향미 성분을 가지고 있다. 낮과 밤의 기온 편차 덕분에 뛰어난 향의 홍차가 만들어진다.

●대표 산지

우바   딤불라   누와라엘리야   우다 푸셀라와

수색
연함

2 해발고도 600~1200m   미디엄그로운(Medium grown) 티

수색은 선명하고 짙은 빛깔을 띠는 반면에 맛은 은은하면서 떫은맛이 덜한 편이다. 마일드한 느낌의 풍미가 특징이다.

●대표 산지

캔디

3 해발고도 600m 이하   로우그로운(Low grown) 티

진한 수색과 바디감 있는 향기로운 풍미로 떫은맛이 약하고 부드러운 식감의 향미가 특징이다. 생산량이 많고 중동 지역에서 인기가 높다.

●대표 산지

루후나

진함

게 인기가 높다고 합니다. 최근에는 녹차도 제조하고 있는데, 고지대 중에서도 해발고도가 더 높은 지역에서 재배되는 찻잎에 녹차용이 많습니다.

Data
찻잎 생산량과 수출량(녹차 포함, 2013년)

찻잎 생산량
스리랑카 340,026t

찻잎 수출량
스리랑카 309,199t

세계 생산량
4,907,104t

세계 수출량
1,859,799t

출처 : 일본홍차협회 《홍차통계》

우바

Uva

시원한 향기와
상쾌한 떫은맛이 특징인
세계 3대 홍차 중 하나.

산지 정보

- 수확 시기
  1년 내내
- 제조 방법
  대부분 오서독스 제법

떫은맛 / 향 / 바디감 / 수색

스트레이트 / 밀크 / 아이스

세계 3대 홍차 중 하나인 우바의 산지는 스리랑카에서도 해발고도가 가장 높은 산악지대의 동쪽에 위치합니다. 계절풍의 영향을 받아 7~9월 무렵 찾아오는 건기가 퀄리티 시즌으로 뛰어난 향미의 품질 좋은 찻잎이 생산됩니다. 이 시기에 생산된 홍차는 자극적인 상쾌함을 느끼게 하는 향, 산뜻한 떫은맛과 깊이 있는 풍부한 맛이 특징입니다. 퀄리티 시즌 전후로 생산되는 홍차 역시 날카로움이 느껴지는 상쾌한 떫은맛이 납니다. 립턴 홍차의 창시자인 토마스 립턴이 홍차 재배에 본격적으로 뛰어든 것도 우바 지역이었습니다.

Point

산뜻한 향기와 날카로움이 느껴지는 떫은맛의 홍차

'우바 플레이버'로 불리는 멘톨 계열의 독특하고 산뜻한 향을 지녔다. 찻잎은 고동색이고 수색은 밝은 장밋빛 계열부터 오렌지 계열의 붉은 빛깔까지 볼 수 있다. 날카로움이 느껴지는 떫은맛을 내는 것이 특징으로 퀄리티 시즌에는 훨씬 자극적으로 변한다. 스트레이트 티로 마시면 한층 더 강한 향과 떫은맛을 즐길 수 있다.

Sri Lanka

스리랑카의
홍차 ②

딤불라
Dimbula

변화무쌍하면서
맑고 아름다운 자연의
경치를 품은 홍차 산지.

산지 정보

떫은맛 · 향
바디감 · 수색

스트레이트 · 밀크 · 아이스

● 수확 시기
1년 내내
● 제조 방법
대부분 오서독스 제법

딤불라 지역은 스리랑카의 홍차 산지 중에서도 재배 면적이 가장 넓습니다. 깊은 계곡과 웅장하게 이어진 산맥의 곳곳에서 홍차가 재배되는 경관은 압권입니다. 11~2월경 딤불라 지역으로 건조한 바람이 불어들면 1~3월에 향미가 우수한 퀄리티 시즌을 맞이합니다. 이 시기에 생산된 홍차는 상쾌함을 내뿜는 떫은맛과 부드러운 바디감을 느낄 수 있는 우아한 향기가 특징입니다. 퀄리티 시즌 외에 생산되는 홍차에서도 우리가 진정한 홍차라고 느낄 법한 우수한 향미의 균형을 맛볼 수 있습니다. 하이그로운 티 생산량이 가장 많은 지역입니다.

Point
향미의 균형이 뛰어난
표준적인 홍차

상쾌한 떫은맛과 우아하면서 향긋한 향기가 특징으로 향미의 균형이 우수하다. 찻잎은 대체로 밝은 갈색이나 검은빛의 갈색을 띠며 수색은 투명한 적갈색부터 오렌지빛 갈색으로 우러난다. 퀄리티 시즌에 수확한 찻잎은 향기와 떫은맛이 더욱 강렬해진다. 스타일에 구애받지 않는 홍차이다.

Sri Lanka
스리랑카의 홍차 ③

누와라엘리야
Nuwara Eliya

휴양지에서 탄생한
섬세한 부드러움이
느껴지는 홍차.

산지 정보

- 수확 시기
  1년 내내
- 제조 방법
  대부분 오서독스 제법

떫은맛 · 향
바디감 · 수색

스트레이트 / 밀크 / 아이스

가장 높은 지대에 위치한 누와라엘리야는 19세기 영국인들이 개발하여 휴양지로 발전한 마을입니다. 마을 곳곳에 영국풍의 건축물이 많아 '리틀 잉글랜드'라고 불리기도 합니다.

누와라엘리야는 중앙 산맥의 가장 높은 곳에 위치하고 있어서 계절 풍의 영향을 받는 1~2월과 6~7월 사이에 뛰어난 품질의 홍차가 생산 됩니다. 다른 지역에서 생산되는 홍차와의 큰 차이점은 산화 공정을 짧게 잡고 제조하는 공장이 많아서 생긴 연한 수색, 녹차와 유사한 부드러운 바디감과 싱그러운 향기입니다.

Point

고지대 특유의 기후가 빚어낸
풍부한 향의 홍차

찻잎은 밝은 갈색, 수색은 연한 오렌지색 계열에 가깝다. 하이그로운 티만의 특징을 잘 보여준다. 녹차를 닮은 상쾌한 떫은맛을 느낄 수 있고 꽃이나 과일을 연상시키는 향이 풍미의 격을 더욱 높여준다. 향을 즐겨야 하는 홍차라서 스트레이트 티로 마시는 것이 좋다.

우다 푸셀라와
Uda Pussellawa

우바 지역과
누와라엘리야에 이어
최근 각광받는 산지.

산지 정보

떫은맛 ● ● 향

바디감 ● ● 수색

● 수확 시기
 1년 내내
● 제조 방법
 대부분 오서독스 제법

우바 지역과 누와라엘리야를 이어 주는 이곳이 홍차의 산지로 알려지기 시작한 것은 그리 오래되지 않았습니다. 해발고도 1300~1600m의 우다 푸셀라와는 고지대에 속합니다. 우바와 마찬가지로 북동 계절풍의 영향을 받아 7~9월 사이에 최고의 찻잎이 생산됩니다. 우바와 비교해 보면 좀 더 차분한 향미를 즐길 수 있는 것이 특징입니다.

이곳은 같은 지역 안에서도 다양한 스타일의 홍차가 만들어지기도 합니다. 누와라엘리야에 가까운 지역에서는 누와라엘리야와 매우 유사한 홍차가 생산됩니다.

Point
꽃과 과일의 향을 스트레이트 티나 밀크티로 즐긴다

찻잎은 약간 밝은 고동색을 띠고 수색은 옅은 갈색부터 적갈색까지 볼 수 있다. 산뜻하면서 감각적인 떫은맛과 꽃이나 과일을 연상시키는 향을 머금고 있다. 계절과 지역에 따라 우바 품질에 가까운 홍차와 누와라엘리야 품질에 가까운 홍차로 나뉘는 것이 특징이다. 스트레이트 티, 아니면 밀크티로 즐기는 게 좋다.

캔디

Kandy

어떤 스타일과도 잘 어울리는
자극적이지 않으면서
은은한 홍차.

산지 정보

● 수확 시기
　1년 내내
● 제조 방법
　오서독스 제법과
　CTC 제법

떫은맛　　　향

바디감　　　수색

스트레이트　밀크　아이스

캔디 지역은 '실론 티의 아버지'라 불리는 제임스 테일러가 홍차 재배에 성공한 다원이 위치한 곳입니다. 부처님의 치아를 모시는 불치사가 있는 것으로 유명하고 마을 전체가 세계 유산으로 등재된 곳입니다.

　도심 주변 지역에 펼쳐진 홍차 재배지는 해발고도가 그리 높지 않아 온난한 기후 조건을 갖추고 있습니다. 그래서 짙은 수색에 비해 풍미가 가볍고 하이그로운 티와 비교하면 떫은맛이 별로 느껴지지 않습니다. 블렌드에 주로 사용되므로 단독의 향미를 경험할 수 있는 기회는 많지 않습니다. 개성이 강하지 않아서 다양한 스타일로 즐길 수 있습니다.

Point

**향과 떫은맛이 연해
블렌드로 즐겨야 제격**

찻잎은 약간 검은빛이 감도는 갈색이고 수색은 다소 진한 적색 빛깔로 우러난다. 찻잎은 해발고도 600m 이하의 지역에서 재배되기 때문에 향과 떫은맛이 자극적이지 않다. 부담스럽지 않은 무게감이 특징이다. 이러한 무난함을 살려 다른 찻잎과 블렌딩해서 즐겨보자.

산지 정보

떫은맛　　　　향

바디감　　　　수색

● 수확 시기
  1년 내내
● 제조 방법
  오서독스 제법

스트레이트　밀크　아이스

루후나
Ruhuna

아삼을 연상시키는
깊은 바디감과 입안 가득 퍼지는
부드러운 맛이 일품.

루후나는 특정한 장소를 가리키는 지명이 아닌 '남쪽'이라는 의미로 칼루타라와 갈레, 마타라 일대가 루후나에 해당합니다. 해발고도 600m 이하에서 재배되는 로우그로운 티는 스리랑카 홍차 생산의 약 절반 정도를 차지합니다. 낮과 밤의 기온 차가 고지대만큼 크지 않은 루후나에서는 잎이 큰 아삼종 계열의 차나무가 많이 재배됩니다.

입에 머금으면 단맛이 감돌면서 떫은맛이 약한 편이기에 밀크티로 마시는 사람이 많습니다. 최근에는 중동 지역으로 수출이 늘고 있으며 수요 역시 점차 증가하고 있습니다.

Point
바디감과 단맛이 느껴져 밀크티에 제격

찻잎은 검은색과 흑갈색이 섞여 있고 수색은 진한 적갈색으로 우러난다. 발효도가 높아서 아주 향기롭고 진한 향을 품고 있다. 짙은 수색과 달리 떫은맛이 강하지 않아서 아삼과 유사한 적당한 바디감과 단맛을 느낄 수 있다. 스트레이트 티보다는 밀크티로 마실 때 조합이 환상적이다.

다채로운 홍차를 산출하는 나라

인도의 홍차

India

개성이 풍부한 향미를 지닌 홍차를 산출하는
세계 최대 규모의 홍차 산지.

다르질링(P.82)

아삼(P.84)

닐기리(P.86)

다르질링의
찻잎 따는 풍경

다르질링의 다원
사진출처 : 일본홍차협회

북동부와 남부에 집중된 홍차 생산지

인도는 세계 최대 규모의 홍차 산지입니다. 재배지는 크게 인도 북동 지역과 남인도로 나뉘고 광활한 영토인 만큼 두 산지의 기후도 매우 달라서 같은 나라 안에서도 개성이 뚜렷한 다채로운 홍차가 산출됩니다.

아삼 지방에서 처음으로 야생 차나무를 발견한 것은 1800년도 초였습니다. 당시 인도를 식민 지배하던 영국의 인도 총독 벤팅크는 차 위원회의 결성을 지시하였고 곧이어 차의 재배 및 개발을 추진하였습니다. 이러한 과정을 거쳐 아삼 홍차가 런던의 경매 시장에서 처음 선보이게 되었습니다.

당시 영국은 국내의 홍차 수요 증가에 대응하고자 중국 이외의 국가에서 홍차를 재배할 수 있는 길을 모색하고 있었습니다. 다르질링과

● 인도의 지역별 차이점 ●

1 북동부 홍차

《고지》

다르질링은 벵골주 최북단의 히말라야 산기슭에 있고 해발고도가 2,000m를 넘는다. 산의 급경사면에 차나무를 심은 세계 유수의 홍차 산지이다.

● 대표 홍차

다르질링
퍼스트
플러시

다르질링
세컨드
플러시

다르질링
오텀널

《저지》

아삼은 브라마푸트라강 유역에 있다. 고온다습한 지역에 산지가 펼쳐져 있으며 세계 최대의 홍차 산출량을 자랑한다.

● 대표 홍차

아삼
스탠더드

아삼
퀄리티

2 남부 홍차

● 대표 홍차

닐기리는 남인도 타밀나두주의 닐기리 고원에 위치해 있다. 한낮의 태양빛은 강렬하지만 일 년 내내 쾌적한 기후를 보인다.

닐기리

닐기리는 중국 차 산지의 기후와 풍토, 지형과 매우 유사했습니다. 그렇기에 이 두 곳을 홍차 재배지로 선정한 영국은 다즐링에서는 1856년, 닐기리에서는 1861년 무렵부터 본격적으로 홍차를 재배하기 시작했습니다.

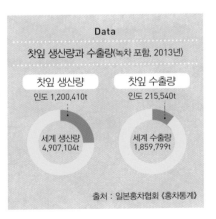

Data

찻잎 생산량과 수출량(녹차 포함, 2013년)

찻잎 생산량
인도 1,200,410t

찻잎 수출량
인도 215,540t

세계 생산량
4,907,104t

세계 수출량
1,859,799t

출처 : 일본홍차협회 《홍차통계》

India
인도의
홍차 ①

다르질링
Darjeeling

전 세계에서 즐겨 마시는
세계 3대 홍차 중 하나.

산지 정보

● 수확 시기
　3~11월
● 제조 방법
　오서독스 제법

히말라야 산기슭에 위치한 다르질링 마을은 세계적으로 유명한 홍차 산지이지만 해발고도가 높고 급경사면에 위치한 다원이 많아서 인도의 전체 생산량 중에서 극히 일부만을 차지합니다. 특유의 향기 덕분에 다르질링은 '홍차의 샴페인'으로 불리면서 세계 3대 홍차 중 하나로 손꼽합니다. 수확 시기는 3~11월까지로 스리랑카와는 달리 동절기에는 차를 재배하지 않습니다.

스트레이트

밀크
아이스

다르질링 퍼스트 플러시

떫은맛 / 향 / 바디감 / 수색

Point

싱그러운 맛으로 부담 없이 마실 수 있다

'플러시'는 '싹이 트다'라는 의미로, 퍼스트 플러시는 봄으로 접어들면서 싹을 틔운 첫물차를 뜻한다. 산뜻하고 푸르른 향이 나면서 독특한 싱그러움을 느낄 수 있는 맛이 특징이다. 녹색과 진한 청록색 찻잎이 섞여 있고 수색은 연하지만 풍미는 제대로 갖추고 있다.

스트레이트

밀크

아이스

다르질링 세컨드 플러시

떫은맛 ─ 향
바디감 ─ 수색

Point
향과 맛에 깊이가 있다

퍼스트 플러시의 수확이 끝나면 몇 주간의 짧은 휴식기를 갖는데 이 기간 동안 자란 찻잎은 세컨드 플러시로 수확된다. 찻잎은 푸른빛이 도는 갈색이고 수색은 밝은 오렌지빛으로 우러난다. 향과 맛이 더욱 깊어진 '무스카텔'이라는 이름의 성숙한 향을 품은 찻잎도 만날 수 있다.

스트레이트

밀크

아이스

다르질링 오텀널

떫은맛 ─ 향
바디감 ─ 수색

Point
성숙한 향미의 부드러운 홍차

세컨드 플러시를 지나 10~11월에 건기가 시작되면 오텀널을 수확한다. 찻잎은 검은빛의 갈색이고 수색은 붉은빛이 감도는 오렌지색 계열이다. 차분하면서도 우아하고 성숙한 향미가 특징으로 떫은맛이 강하지만 균형감이 뛰어난 부드러운 풍미를 느낄 수 있다.

아삼
Assam

농후하면서 강렬한 풍미로
밀크티에 가장 이상적이다.

산지 정보

● 수확 시기
　3~11월
● 제조 방법
　대부분 CTC 제법

아삼 지방은 인도에서 최초로 홍차 재배를 시작한 곳입니다. 1823년경, 미얀마 국경 부근에서 자생하던 차나무를 발견한 데서 유래했습니다. 당시에는 중국 종자만을 차나무로 생각하던 인식이 있어서 정식 차로는 인정받지 못했습니다.

차나무를 처음 발견한 브루스 대령의 남동생이 아삼 지역의 정글을 개간하여 차나무 재배를 시도한 결과 홍차 제조까지 성공합니다. 1830년대 초 런던의 경매 시장에서 아삼 홍차가 처음으로 선을 보이고, 아삼 주식회사가 설립되면서 본격적인 홍차 제조가 시작됩니다. 이때 도입된 것이 대규모 플랜테이션을 이용한 홍채 재배와 기계를 이용한 홍차 제조였습니다. 아삼 지방의 홍차 재배는 수확량의 증가와 제다 기술의 발전으로, 점차 넓은 지역이 개간되며 다원의 규모도 커지게 됩니다. 고온다습하며 연간 강우량이 많은 것으로 알려진 이 지역의 홍차 생산량은 인도 전체의 절반가량을 차지합니다.

아삼 홍차는 진한 적갈색의 수색과 농후하면서 강렬한 풍미가 특징이기 때문에 밀크티와 환상적인 조합을 이룹니다. 5~6월에 수확하는 세컨드 플러시는 가장 우수한 품질의 찻잎을 만나볼 수 있는 시기로, 독특한 달콤함이 감도는 '몰트 향'을 머금은 찻잎이 출하됩니다.

스트레이트

밀크

아이스

아삼 스탠더드

떫은맛 — 향
바디감 — 수색

Point

밀크티로 마시는 것이 이상적

현지에서는 CTC 차의 생산량이 압도적으로 많
다. 농후하면서 강렬한 맛과 묵직한 바디감이
느껴져 우유를 듬뿍 넣어 마시는 것이 이상적
이다. 일상에서 편하게 즐기기에도 좋다.

스트레이트

밀크

아이스

아삼 퀄리티

떫은맛 — 향
바디감 — 수색

Point

부드러운 식감의 맛을
스트레이트 티로

아삼 홍차는 품질이 좋을수록 골든 팁(Golden
Tip)이 많은 것이 특징이다. 골든 팁이 많이 포
함된 홍차는 향이 풍부하고 텁텁함이 없는 부
드러운 감촉의 맛을 낸다. 때문에 스트레이트
티로 마시기를 추천하지만 충분히 우려내면 밀
크티로도 즐길 수 있다.

India

인도의 홍차 ③

닐기리
Nilgiris

밸런스 좋은 향과 맛을 가진
홍차의 블루마운틴.

산지 정보

● 수확 시기
　1년 내내
● 제조 방법
　대부분 CTC 제법

떫은맛　향
바디감　수색

[스트레이트]　[밀크]　[아이스]

광활한 인도의 남쪽 중앙에는 고츠 산맥으로 불리는 산줄기가 펼쳐져 있습니다. 그 기슭의 구릉 지대가 닐기리 고원이고 이곳이 닐기리 차의 산지입니다. 닐기리란 현지어로 '푸른 산'을 의미하며 홍차의 블루마운틴이라고도 일컬어집니다.

지리적으로는 스리랑카에 가깝고 기후도 비슷해서 1년 내내 홍차가 생산됩니다. 북인도의 다르질링이나 아삼과 같은 개성 강한 향미의 홍차와는 달리, 스리랑카산 홍차에 가까운 맛과 향을 지녔습니다. 자극적이지 않은 편안하고 가벼운 맛이 특징이라 다양한 스타일로 연출할 수 있습니다. 일 년에 두 번 계절풍이 몰고 오는 건조한 바람의 영향을 받아서 찻잎은 일 년 내내 수확됩니다.

Point

무난한 풍미로 가볍게 즐길 수 있는 홍차

찻잎은 밝은 갈색이고 수색은 밝은 적갈색이다. 산뜻하면서 무난한 향기와 가볍고 상쾌한 맛을 즐길 수 있다. 스리랑카의 하이그로운 티와 비슷한 맛과 향이 느껴지는데 하이그로운 티에 비하면 좀 더 깔끔한 느낌이다. 그래서 블렌드를 비롯해 다양한 스타일로 즐길 수 있다.

그 밖의 인도 홍차

시킴
Sikkim

시킴은 네팔과 부탄의 한가운데에 위치한 곳으로 다르질링의 북쪽에 있는 산지입니다. 그래서 생산되는 홍차도 다르질링과 유사한 특징을 보이지만 다르질링의 풍미에 비하면 떫은맛이 약합니다. 주 정부가 관리하는 대규모의 다원이 있는데, 이 다원의 연간 생산량은 극히 소량에 그치기 때문에 좀처럼 접하기 힘든 홍차입니다.

두아즈
Dooars

두아즈는 다르질링과 아삼의 중간에 길쭉하게 펼쳐진 홍차 생산지입니다. 수색은 진한 붉은색을 띠고 맛과 향이 깔끔해서 아삼보다 가벼운 풍미를 느낄 수 있습니다. 대부분의 홍차가 CTC 제법으로 만들어져서 인도 내에서는 티백의 원료로 쓰이는 경우가 많다고 합니다. 산지 면적은 매우 넓지만 거의 국내에서 소비됩니다.

테라이
Terai

힌두어로 '구릉지대'를 의미하는 테라이는 다르질링의 동쪽에 위치한 광대한 초원 지역입니다. 인도 북동 지역의 교통 거점인 바그도그라 공항에서 다르질링으로 향하는 중간 지점에서 산지를 만날 수 있습니다. 제조 방법은 CTC 제법이 중심이고 수색은 진한 편이지만 맛은 비교적 가볍습니다. 인도 국내에서 소비되기 때문에 보기 드문 홍차입니다.

수천 년의 역사를 자랑하는 차의 발상지

중국의 홍차

China

이국적인 향을 느낄 수 있는 것이
중국 홍차의 매력이다.

기문
(안후이성)

운남홍차
(윈난성)

랍상소우총
(푸젠성)

중국을 넘어 영국을 매료시키다

중국은 차의 발상지로 17세기 초에 중국의 차가 유럽으로 건너갔다고
알려져 있습니다. 18세기부터 19세기에 걸쳐 푸젠성의 우이산에서 생
산된 우롱차가 '보우히(Bouhea)'라는 이름으로 영국에 수출되며 귀중
품으로 대접받았습니다. 그 후 안후이성의 기문으로 그 제법이 전수되
었고 1785년 무렵에는 '공부차(工夫茶)'가 만들어졌습니다. 현재 안후
이성에서는 기문, 푸젠성에서는 랍상소우총, 윈난성에서는 운남홍차가
생산되고 있습니다.

랍상소우총
Lapsang Souchong

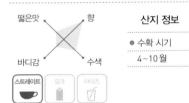

China
중국의
홍차

산지 정보
● 수확 시기
4~10월

스트레이트 | 밀크 | 아이스

Point
스모키 한 풍미가 특징

랍상소우총은 '정산소종(正山小種)'이라고 표기하는데 정산은 우이산을, 소종은 작은 찻잎을 의미한다. 떫은맛은 그다지 강하지 않지만 강렬한 스모키 향은 취향에 따라 평가가 나뉘기도 한다. 전통적인 애프터눈 티에서 빠져서는 안 될 홍차이다.

운남홍차
Yunnan Tea

산지 정보
● 수확 시기
3~11월

스트레이트 | 밀크 | 아이스

Point
아삼에 가까운 풍미

1년 중 차가 생산되는 시기는 3~11월이고 운남대엽종(雲南大葉種)이라는 아삼계 찻잎으로 만든다. 인도의 아삼과 비슷한 맛이 특징인데, 아삼만큼 강하지는 않고 산뜻한 느낌이다.

기문
Keemun

산지 정보
● 수확 시기
5~9월

스트레이트 | 밀크 | 아이스

Point
떫은맛이 적은 이국적인 향기

생산 시기는 5~9월로 짧다. 길고 가는 모양의 찻잎은 검은 빛깔을 띠며 수색은 깊이감이 느껴지는 적갈색으로 우러난다. 떫은맛이 적어 입안에서 감미롭게 퍼지는 풍미를 즐길 수 있다. 이국적인 향기는 장미나 난 같은 꽃향기에 비유되기도 한다.

Production Area

홍차 생산 신흥국으로 성장

아프리카의 홍차

Africa

티백용 찻잎 재배를 중심으로
급성장 중인 거대한 홍차 산지.

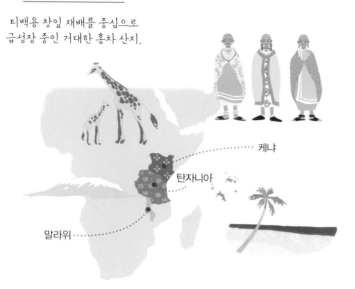

케냐

탄자니아

말라위

20세기부터 시작된 케냐의 홍차 재배

아프리카에서는 케냐와 탄자니아를 중심으로 동아프리카에서 홍차 재배가 발전했습니다. 케냐에서는 1900년대 초에 인도에서 들여온 홍차 종자를 가지고 작은 다원이 만들어지면서 홍차 재배가 시작되었습니다. 이후 1920년에 영국의 식민지로 편입된 케냐는 대규모 플랜테이션을 기반으로 다원을 운영하며 급속도로 성장해 나갔습니다.

독립 후 케냐는 소규모 다원에서 생엽을 사들여 제다와 수출을 관리하는 방식으로 큰 성장을 이루었고 현재는 티백용 찻잎을 중심으로 수요가 늘어나면서 성장을 이어가고 있습니다.

🏴 케냐
Kenya

떫은맛	향
바디감	수색

스트레이트 | 밀크 | 아이스

산지 정보

● 수확 시기
1년 내내
● 제조 방법
CTC 제법

Point

**수색이 선명한 감각적인 맛을
느낄 수 있다**

케냐의 홍차는 바디감 있고 감각적인 맛
의 스트롱 티로 수색이 밝고 아름다운
것이 특징이다. 일찍부터 CTC 제법을
도입하여 현재는 생산량의 거의 100%
가 CTC 제법으로 만들어진다.

🏴 말라위
Malawi

떫은맛	향
바디감	수색

스트레이트 | 밀크 | 아이스

산지 정보

● 수확 시기
1년 내내
● 제조 방법
LTP 제법
(CTC 제법의 변형)

Point

산뜻하고 떫은맛이 적다

말라위는 19세기 후반부터 홍차를 재배
했다. 대부분이 티백 원료용이나 블렌
딩용으로 쓰인다. 생산되는 홍차의 절
반 이상이 남아프리카와 영국으로 수출
된다. 떫은맛이 적고 상쾌한 풍미가 특
징이다.

🏴 탄자니아
Tanzania

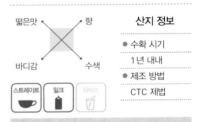

떫은맛	향
바디감	수색

스트레이트 | 밀크 | 아이스

산지 정보

● 수확 시기
1년 내내
● 제조 방법
CTC 제법

Point

부드러운 식감에 떫은맛이 적다

케냐와 같은 시기에 홍차가 전해지면서
1926년부터 홍차 산업이 본격적으로 시
작되었다. 케냐 홍차와 비슷한 풍미가 느
껴지지만 부드러운 식감과 떫은맛이 약
하다. 수색도 진하고 선명한 CTC 차로
티백 원료용이나 블렌딩용으로 쓰인다.

헤이세이 시대부터 부활한

일본의 홍차

Japan

과거의 기술을 부활시켜
일본만의 향미를 담은
화홍차가 탄생했다.

가메야마 홍차
(미에현 가메야마시)
(P.94)

사야마 홍차
(사이타마현 사야마시
(P.95)

1990년대 초부터
다시 시작된 화홍차

일본에서 홍차를 생산한다고 하면 놀라는 사람들이 많겠지만 예전에는 홍차를 수출하던 시절이 있었습니다. 일본에서는 메이지 시대(1868~1912년)부터 홍차를 생산했습니다. 해외에서 홍차에 대한 수요가 높아지자 정부가 수출을 목적으로 홍차 재배를 시작했습니다. 이전부터 차를 생산하고는 있었지만 녹차의 수출은 부진을 면치 못했습니다. 결국 녹차를 대신해 홍차의 수출을 성장시키고자 1874년 《홍차제법서》를 제작하여 각 지방으로 배포하고, 이듬해에는 중국에서 홍차 제조 관련 기술자를 초청해서 홍차 제조법을 전수받도록 조치했습니다. 동시에 홍차 제조법을 배워올 인재들을 중국과 인도 등지에 파견하여 홍차 제조 기술을 일본에 정착시켰습니다.

1 가메야마 홍차

여러 종류의 홍차를 제
조하고 있는데 그중에
서도 '베니호마레'는 희
소가치가 높고 최고의
품질을 자랑한다. '키세
키(Kiseki)'라는 로고 마
크가 붙어 있다.

2 사야마 홍차

사야마 차의 녹차
품종인 '야부키타'로
만든 홍차 '사야마
공부 홍차'는 해외
에서도 높은 평가를
받는다.

이렇게 해서 완성된 홍차 제조 기술을 토대로 쇼와 시대(1926~
1989년)부터는 홍차 생산량이 점차 증가하고 수출량 역시 크게 늘어
났습니다. 그러나 1971년 홍차 수출 자유화의 영향으로 일본산 홍차는
거의 자취를 감추게 됩니다.

헤이세이 시대(1989~2019년 4월 30일)로 접어들자 전수받은 기술을
이대로 묵혀둘 수 없다는 목소리와 함께 생산자들이 하나둘씩 활동을
재개했습니다. 남아 있던 홍차용으로 개량한 품종의 차나무를 활용하
였고, 현재는 니가타를 북쪽 한계선으로 그 이남의 각 지역에서 홍차의
생산 활동이 전개되고 있습니다. 이러한 홍차 생산 활동은 지역 활성

화 프로젝트의 일환으로 마
을 전체의 사업이 된 곳도 적
지 않습니다. 사계절이 뚜렷
한 일본의 기후와 풍토가 빚
어내는 홍차는 해외 홍차 산
지에서는 볼 수 없는 독특한
향미를 품고 있어 이목을 집
중시키고 있습니다.

Data

찻잎 생산량과 수출량(녹차 포함, 2013년)

찻잎 생산량
일본 82,800t

찻잎 수출량
일본 3,048t

세계 생산량
4,097,104t

세계 수출량
1,859,799t

출처 : 일본홍차협회 《홍차통계》

가메야마 홍차

Kameyama Tea

일본 최초의 홍차 품종인
'베니호마레'의 부활.

산지 정보

● 수확 시기
5~9월
● 제조 방법
오서독스 제법

떫은맛	향
바디감	수색

스트레이트 / 밀크 / 아이스

미에현 가메야마시에서 홍차를 재배한 것은 1930년대부터였습니다. 일본 최초의 홍차 품종인 '베니호마레(べにほまれ)'가 재배되면서 가메야마 지역의 홍차 재배가 활발해졌습니다. 전후 시기에 가메야마에서 생산된 베니호마레 홍차는 런던의 블렌더들에게 최고급품으로 인정받던 립턴 홍차를 크게 웃도는 가격으로 평가를 받았었지만 수입 자유화의 영향으로 녹차 제조로 방향을 전환하게 되었습니다.

　헤이세이 시대로 접어들면서 당시 홍차를 제조하던 차 농가의 후계자들은 다시 한 번 홍차 제조에 도전합니다. 여기에 베니호마레의 생산을 바라던 지역 주민들의 성원이 더해지면서 가메야마 홍차가 본격적으로 부활했습니다.

Point

50년 된 차나무의 고급스러운 단맛이 느껴진다

50년 이상된 고목에서 자란 새싹을 손으로 따서 만든다. 최고의 품질이라는 표시로 '키세키'라는 로고 마크가 붙는다. 찻잎은 크고 잘 말려 있는 검은색이고 수색은 밝은 붉은빛으로 우러난다. 적당한 떫은맛과 바디감이 느껴지면서 고급스러운 단맛이 돈다.

사야마 홍차
Sayama Tea

해외의 품평회에서도 높이 평가받는
북쪽 한계선에서 만든 홍차.

떫은맛	향
바디감	수색

산지 정보

● 수확 시기
6~7월
● 제조 방법
자연위조한
오서독스 제법

스트레이트 밀크 아이스

시즈오카 차와 우지 차에 이어서 일본 3대 차에 이름을 올리고 있는 사야마 차는 사이타마현 서부에 위치한 차 산지에서 생산되는 녹차입니다. 이곳에서 자란 녹차 품종인 '야부키타(やぶきた)'로 만든 '사야마 공부 홍차'가 영국 국제식품콘테스트인 '그레이트 테이스트 어워드(Great Taste Award)'에서 2012년부터 3년 연속 수상하면서 사야마에서 생산되는 홍차는 세계적인 유명세를 떨치게 되었습니다.

사용하는 품종은 여러 가지로 녹차 품종인 '야부키타'와 '사야마카오리(さやまかおり)'로 만든 찻잎도 있고 홍차 품종인 '베니히카리(べにひかり)'로 만든 것도 볼 수 있습니다.

Point

뛰어난 향기와 독특한 단맛이 감돈다

녹차 품종인 '야부키타'로 만든 홍차는 수색이 아주 밝고 투명한 오렌지 빛깔을 띤다. 감미로운 향기가 피어나면서 입안에 머금으면 부드럽게 전해지는 독특한 달콤함이 있으면서도 상당히 깔끔한 식감을 자아낸다. 떫은맛은 약하지만 깊이가 느껴져서 편하게 마실 수 있다.

아시아를 중심으로 생산국이 증가

그 밖의 나라의
홍차

Others

아시아에서 주목받는
홍차 생산국을 알아보자.

영국(P.99)   터키(P.99)

베트남(P.98)

Asia

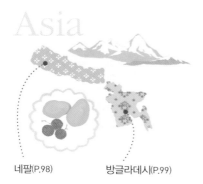

네팔(P.98)   방글라데시(P.99)   인도네시아(P.97)

세계의 홍차 생산량은 늘어나는 추세

홍차 재배는 적도와 북회귀선 사이에 위치한 지역에서 주로 이루어지
는데 그중에서도 아시아는 세계 최대의 홍차 생산 지역입니다. 스리랑
카나 인도, 중국 뿐 아니라 인도네시아, 네팔, 베트남, 방글라데시에서
도 홍차를 재배하고 있으며 생산량과 수요가 모두 증가하는 추세입니
다. 이밖에 터키나 영국에서도 홍차를 재배하고 있습니다.

기호가 다양해지면서 여러 수요층에 대한 대응이 필요하고, 페트병
음료의 보급으로 원료차의 수요 또한 증가할 것으로 예상되어 생산량
은 앞으로도 계속 확대될 것으로 보입니다.

자바

떫은맛

향

바디감

수색

스트레이트　밀크　아이스

산지 정보

● 수확 시기
　1년 내내
● 제조 방법
　대부분 오서독스 제법
　(일부 CTC 제법)

인도네시아
Indonesia

20세기 후반부터 생산량이 증가하며
아시아의 새로운 홍차
생산 강국으로 성장.

19세기 네덜란드인이 개척한 인도네시아는 일찍부터 차 재배를 시도하였지만 산업으로 정착된 것은 1890년대부터였습니다. 그러나 제2차 세계대전을 거쳐 1949년까지 독립을 이루는 과정 속에서 많은 다원이 황폐해져서 회복하지 못하는 상황이 이어졌습니다. 하지만 정부가 일부 다원을 국유화하여 관리와 운영을 맡으면서 홍차 재배의 부흥에 성공했습니다. 나아가 1970년대부터는 수출 시장에도 적극적으로 나서게 됩니다. 인도네시아는 1만 7천여 섬들로 구성되어 있으나 홍차 재배는 대체로 자바섬과 수마트라섬에서 이루어지고 있습니다.

Point
살짝 알싸한 떫은맛이 느껴지는 가벼운 풍미

적도 바로 아래에 위치한 인도네시아에서는 거의 1년 내내 차를 생산한다. 기후 변동이 심하지 않아 계절에 따른 품질의 차이가 적어서 안정적인 생산이 가능하다. 자바산 홍차는 적갈색의 수색을 띠며 독특하면서 알싸한 떫은맛이 감도는데 가볍고 부담 없이 마실 수 있는 풍미라서 다양한 홍차 스타일에 활용할 수 있다.

늘어나는 홍차 수요에 대응하고 있는
세계의 홍차 산지를 살펴보자.

네팔
Nepal

네팔의 주요 홍차 산지는 인도의 다르질링과 시킴에 인접한 지역에 위치합니다. 그래서 네팔산 홍차는 다르질링과 상당히 유사한 특성을 보입니다. 수색은 연하면서 노란빛을 띠는 밝은 색으로 우러나고 감미롭게 피어나는 향기와 부드러운 떫은맛, 그리고 깔끔한 뒷맛이 특징입니다. OP 유형의 찻잎이 주류이지만 남부지역에서는 CTC 제법으로도 홍차를 생산하고 있습니다.

베트남
Vietnam

오래전부터 차를 마신 베트남은 기후적으로 차 재배에 적합한 환경을 갖춘 나라입니다. 1910년부터 차 재배를 시작하였으며 생산과 소비 모두 녹차 중심이었지만 최근에는 홍차의 비중이 높아지면서 생산량도 늘어났습니다. 개성이 강하지 않고 순한 풍미의 베트남 홍차는 블렌딩용이나 가향차의 베이스로 많이 활용됩니다. 온화한 맛과는 대조적으로 찻잎은 검은색에 어두운 수색이 우러납니다.

방글라데시
Bangladesh

방글라데시는 지리적으로 인도의 아삼과 가까운 곳에 위치합니다. 19세기 아삼에서 홍차 재배에 성공한 영향을 받아 홍차 생산의 오랜 역사를 가지고 있습니다. 대부분 CTC 제법을 활용하며 아삼과 비슷한 풍미를 느낄 수 있지만 아삼만큼 강렬하고 농후한 풍미는 아닙니다. 가볍고 균형감 좋은 홍차가 생산되어 블렌딩용으로 많이 쓰입니다.

터키
Turkey

터키에서는 제1차 세계대전이 끝난 이후로 홍차 재배가 시작되었습니다. 원래는 커피를 즐겨마셨지만 종전 후 커피 가격이 급등하자 홍차 수요가 늘어났기 때문입니다. 홍차 재배는 흑해 연안에 있는 리제에서 주로 이루어집니다. 약간 검은색을 띠는 BOP 유형의 찻잎이 주류이고 수색은 루비색으로 우러납니다. 국내 소비가 대부분이며 현지 사람들은 설탕을 넣은 달콤한 홍차를 주로 마십니다.

영국
United Kingdom

영국은 차나무의 생육 환경으로 적합하지 않아 상업적으로 홍차를 재배할 수 없는 나라로 인식되었습니다. 그러나 거듭된 연구 끝에 2005년 콘월의 트레고스난에서 마침내 재배에 성공합니다. 수확량이 매우 적어서 고가이고 구하기도 쉽지 않습니다. 차분하고 가벼운 느낌의 풍미로 다른 찻잎과 블렌딩하며 종류도 상당히 풍부해졌습니다.

홍차의 제조공정
Manufacture of Tea

1

오서독스 제법

수작업 기술을 활용하여
기계화한 제조방법이다.

위 찻잎은 손으로 직접 정성스럽게 딴다.
아래 새순과 그 아래 두 번째에 난 찻잎을 따는 일심이엽(一芯二葉)이 찻잎 따기의 기본이다.

수작업이었던 홍차 제조를 기계화시킨 전통적인 제법

홍차의 찻잎은 기본적으로 손으로 따지만 차를 제조할 때는 기계를 사용합니다. 방식은 '오서독스 제법'과 'CTC 제법'이 있습니다. 오서독스 제법은 수작업이었던 홍차의 제조 방식을 기계화한 제법입니다. 하지만 전통적인 제법을 기반으로 하고 있어서 그처럼 불립니다.

수확한 생엽은 수분을 많이 머금고 있기 때문에 위조(萎凋)하여 비비기 쉬운 상태로 만들어줍니다. 유념기(揉捻機)에 넣고 비벼서 분쇄한 덩어리진 잎을 흔들어 풀어주고, 발효실로 옮겨 펼쳐놓습니다. 이곳에서 산화가 이루어지며 홍차다운 색과 향으로 변신합니다. 산화된 찻잎은 건조기로 말리며 발효를 멈춰 '황차(荒茶, 정제 및 가공 과정을 거치지 않은 차 - 옮긴이 주)로 만듭니다.

황차에서 불순물을 제거하고 분류기에 넣어 크기(등급)별로 나누면 '완성된 차'가 만들어집니다. 이렇게 홍차가 만들어지면 계량하여 전용 자루에 담아 마무리합니다.

위조하는 모습. 그날의 기후에 맞춰 시간을 조절한다.

유념 작업. 연해진 찻잎을 기계에 넣고 잘 비벼준다.

산화 과정. 공정 시간은 날마다 달라진다. 관리자는 이것을 판단하고 결정해야 하기 때문에 아주 중요한 역할이다.

오서독스 제법의 공정

1 찻잎 따기

'일심이엽 따기'라고도 한다. 생엽을 따는 작업은 수작업으로 정성스럽게 진행된다.

2 위조

수확한 생엽을 비비기 좋게 따뜻한 바람으로 말려서 수분을 증발시켜 시들게 하는 과정이다.

3 유념

연해진 찻잎을 유념기에 넣고 비벼주면 배어 나온 즙이 공기와 접촉하면서 산화가 촉진된다.

4 찻잎 풀기(덩어리 풀기)

덩어리로 뭉쳐진 찻잎을 흔들어서 풀고 발효가 잘 되도록 고르게 펴준다.

5 발효(산화)

실온 20℃~25℃, 습도 90% 정도로 설정된 발효실에서 1시간 정도 그대로 둔다. 홍차의 색과 향미를 결정짓는 중요한 단계이다.

6 건조

뜨거운 바람으로 찻잎을 건조시켜서 산화 작용을 멈추고 '황차' 상태로 만든다.

7 등급 구분

크고 작은 크기들이 섞여 있는 찻잎을 분류기에 넣고 크기별로 나누면 '완성된 차'가 만들어진다.

홍차의 제조공정
Manufacture of Tea

2

CTC 제법

짧은 시간 안에 색과 맛,
향이 모두 우러나도록
추출 효율을 높인 제법이다.

찻잎 풀기. 각각의 받침대에 올려놓은 찻잎은
기계의 진동으로 흔들리면서 덩어리가 점차
풀어진다.

CTC 기계의 등장과 대량 생산

CTC 제법은 크러쉬(Crush) 또는 컷(Cut), 테어(Tear), 컬(Curl)의 머리 글자를 딴 표현입니다. 찻잎을 으깨고 잘게 찢은 후 굴리는 공정을 거치기 때문에 완성된 찻잎은 구슬 모양을 하고 있는 것이 특징입니다. CTC 기계는 1930년대 윌리엄 맥커처가 대량생산을 목적으로 만들었습니다. CTC 기계에 내장된 고속과 저속, 두 종류의 롤러 사이로 찻잎을 통과시켜 짓눌러 으깹니다. 롤러에 달린 톱니가 찻잎을 작게 파쇄하여 비틀고 압력을 가하면서 1~2mm 정도의 작은 조각으로 분쇄합니다.

오서독스 제법과 마찬가지로 차나무에서 딴 생엽은 위조, 유념, 찻잎 풀기의 공정을 거칩니다. 그 후 찻잎은 CTC 기계로 들어가 자잘한 형태로 변합니다. 이 과정이 끝나면 다시 찻잎을 흔들어 풀어주는 공정을 거쳐 발효, 건조하는 작업으로 이어집니다. 산지에 따라서는 유념 작업을 하지 않고 바로 CTC기로 찻잎을 보내는 경우도 있습니다.

단시간에 농후한 맛이 우러나는 CTC 제법은 티백이나 블렌딩용으로 많이 사용되며 시장의 수요에 따라 더욱 증가하고 있습니다. 현재는 세계 홍차 생산량의 절반 이상이 CTC 제법으로 만들어집니다.

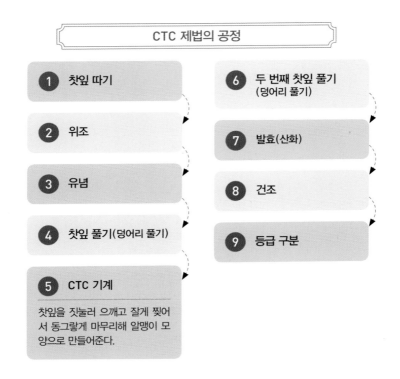

CTC 제법의 공정

1 찻잎 따기

2 위조

3 유념

4 찻잎 풀기(덩어리 풀기)

5 CTC 기계
찻잎을 짓눌러 으깨고 잘게 찢어서 동그랗게 마무리해 알맹이 모양으로 만들어준다.

6 두 번째 찻잎 풀기
(덩어리 풀기)

7 발효(산화)

8 건조

9 등급 구분

Point

지속 가능성 프로그램

홍차는 산지의 환경이 무너지면 동일한 품질로 생산하기 어렵다. 몇십 년 후에도 변함없는 홍차를 재배하기 위해서는 지금부터 환경을 조성할 필요가 있다. 1987년 뉴욕에 설립된 국제적인 NGO 단체인 '열대우림연합(Rainforest Alliance)'은 생물의 다양성을 유지하고 인간의 지속 가능한 생활을 확보하기 위해 활동하고 있다. 홍차 생산국인 케냐, 스리랑카, 인도 등지를 중심으로 다원과 그곳에서 일하는 근로자의 환경 정비를 지도하면서 미래에도 농작물이 안정적으로 공급되도록 하는 것을 활동 목표로 삼고 있다. 열대우림연합이 인증한 다원의 찻잎을 사용한 제품에는 녹색 개구리 마크가 붙어 있다. 이마크가 붙은 제품들은 더욱더 늘고 있는 추세이다.

홍차의 제조공정
Manufacture of Tea

3

홍차의 블렌드

홍차가 항상 동일한 맛과 향을
낼 수 있는 것은 블렌드 때문이다.

홍차는 농작물이라서 계절마다 풍미가 다르다. 그래서 홍차를 블렌딩할 때는 까다로운 품질 감정이 중요하다.

일정한 비용의 범위 내에서 '항상 같은 맛'을 만들어내다

'블렌드'는 홍차를 제품화하기 위한 중요한 공정 가운데 하나입니다. 블렌드를 하는 가장 중요한 이유는 일정한 비용의 범위 내에서 언제나 동일한 맛의 홍차를 만들어내기 위해서 입니다. 홍차는 농작물이라서 같은 산지에서 수확한 차라도 수확 시기나 기후의 변화로 인해 품질에 차이가 발생합니다. 그렇다고 해서 품질의 차이를 가격에 반영시켜 상품화할 수는 없는 노릇입니다. 일 년 내내 같은 맛, 같은 가격으로 제공되는 상품을 만들기 위해 홍차를 블렌딩하는 것입니다.

각 제조 회사들은 간판 상품을 필두로 여러 가지 라인업을 갖추고 있습니다. 전문 티 테이스터의 블렌딩에 따라 제조 회사가 지닌 독창성을 독자적인 풍미로 승화시켜 만들어냅니다. 일부 제조 회사는 몇 년마다 블렌드의 내용을 개선하면서 시대적 요구에 따른 홍차의 맛을 구현하고 있습니다.

블렌드와 깊이 연관된 소비처의 수질과 기호

블렌드를 이야기할 때 '소비처의 수질과 기호' 역시 중요합니다. 영국

아삼

실론(딤불라)

케냐

서로 다른 개성을 가진 홍차를 블렌딩하면 각각의 특징이 어우러지면서 한 종류로는 표현할 수 없는 멋진 풍미가 탄생한다.

한 번에 수많은 종류의 홍차를 심사하기 때문에 블렌딩이나 테이스팅을 진행하는 테이스팅 룸은 움직이기 편하도록 잘 정돈되어 있다. 왼편에 보이는 긴 원통 모양의 용기는 '스피툰'으로, 입에 머금었던 홍차를 뱉어낼 때 사용한다.

에서도 런던 주변 지역의 물은 경수이지만 스코틀랜드 지방의 물은 연수에 속합니다. 동일한 나라여도 수질에 차이가 있기 때문에 하나의 제조 회사가 지역별로 다른 블렌드를 판매하기도 합니다. 글로벌 기업들은 소비처의 기호를 고려하여 블렌딩하기 때문에 한 기업 안에서도 소비처마다 블렌드 내용이 다른 제품을 출시합니다.

또한 여러 종류의 홍차를 조합해서 새로운 풍미의 홍차를 만들어내는 블렌드도 있습니다. 아삼이나 실론, 케냐를 블렌딩한 '잉글리시 브렉퍼스트'와 다르질링과 아삼 또는 실론을 블렌딩한 '애프터눈 블렌드'가 대표적입니다. 블렌드의 방향성이 같아도 제조 회사마다 풍미가 모두 다르기 때문에 각각의 차이를 경험해 보는 것도 또 다른 즐거움이 될 것입니다.

홍차의 제조공정
Manufacture of Tea
4

홍차의 테이스팅

홍차의 맛을 결정하는 티 테이스터의
임무와 절차를 알아보자.

사진은 유니레버 스리랑카의 티 테이스터 샤말
드 실바. 그는 수십 종류의 홍차를 심사한다.

오감을 활용하는 직업, 티 테이스터

홍차를 제품화할 때 블렌드가 매우 중요한 작업인데, '티 테이스터'라
고 불리는 홍차 감정사가 바로 이 작업을 책임집니다. 티 테이스터는
홍차의 품질을 평가, 감정하기 위해 특별히 훈련된 전문가입니다. 이
직업은 별도의 자격 인정 같은 제도 없이 기업이 각자의 방식으로 양성
하고 기술을 전수합니다.

홍차의 테이스팅은 세계적으로 공통된 기준이 마련되어 있지도 않
고 어떠한 기계를 이용하여 측정하는 것도 아닙니다. 어디까지나 인간
의 오감을 활용한 관능검사(官能檢査, 인간의 오감을 토대로 식품 등의 품
질을 일정한 기법에 따라 측정하는 검사)만을 사용합니다. 관능검사에서
는 시각으로는 색과 찻잎의 형태를, 후각으로는 향기를, 미각으로는 맛
을, 촉각으로는 찻잎의 무게를 체크합니다. 테이스팅 자체에는 공통적
인 판정 기준이 없지만 결과 인식의 통일성을 위해서 사이즈, 외형, 향
미, 수색, 찻잎 찌꺼기에 관해 평가하는 통일된 심사 용어가 별도로 정
해져 있습니다.

스리랑카에서는 밀크티 선호도가 높아 우유를 넣어서 테이스팅하는 경우가 많다.

티 테이스팅은 인간의 오감을 이용한 관능검사로 이루어진다.

향미를 순간적으로 확인하는 비교 심사의 절차

테이스팅은 다른 산지 간의 찻잎을 비교하는 것이 아니라 동일한 산지의 찻잎을 비교 심사하는 과정입니다. 같은 산지라도 수많은 다원이 있고 기후나 제다 상황 등의 영향으로 향미에 차이가 날 수 있어서 각각의 샘플을 가지고 체크를 해야 합니다.

티 테이스터는 찻잎의 외형이나 사이즈를 손으로 만져서 확인하고 수색을 살펴봅니다. 맛 평가를 할 때에는 약간 큰 사이즈의 스푼을 이용하여 찻물을 떠서 입에 머금는데, 이때 공기를 함께 들이마셔서 찻물이 입안에서 분산되어 목 깊숙한 곳까지 닿게 합니다. 이러한 방식으로 순간적으로 그 홍차가 품고 있는 향과 맛을 확인하는데 찻물은 삼키지 않고 확인이 끝나면 뱉어 냅니다.

홍차의 제조공정
Manufacture of Tea

5

홍차의 유통 과정

다원에서부터 티포트에
안착하기까지, 홍차의 유통 속
숨겨진 과정을 살펴보자.

찻잎은 경매 시장에서 거래가 성사되면 각 제
조 회사로 넘어간다. 그곳에서 제품화되면 홍
차로 마실 수 있다.

완제품 수입과 원료차 수입으로 나뉜다

대부분의 홍차는 해외의 홍차 산지에서 생산된 것을 수입한 것입니다. 수입한 홍차는 크게 두 종류로 나뉩니다. 하나는 해외에서 포장까지 완료한 제품을 수입한 것이고 다른 하나는 원료차나 블렌드 차를 수입해 국내에서 제품화한 것입니다.

제품으로 만들어지기 전의 홍차는 생산국의 각 제다 공장에서 만들어진 '완성된 차'를 다원과 등급별로 분류해서 '원료차'로 거래합니다. 홍차는 농작물이기 때문에 언제나 똑같은 품질의 홍차가 생산되지 않습니다. 품질 유지를 위해서 티 테이스터가 내리는 품질 감정이 상당히 중요한 요소로 작용하여 각 단계에서의 테이스팅이 끝난 뒤에 제품으로 만들어지게 됩니다.

거래의 주체는 경매 시장

원료차는 경매 시장을 중심으로 거래됩니다. 생산자인 다원과 구매자인 바이어, 또는 수입업자들은 중개업자를 통해서 경매 시장에 상장될 샘플 찻잎을 주고받습니다. 해외 시장에서 이루어지는 홍차의 수매는

스리랑카의 도시 콜롬보에서 열린 경매 회장의 모습. 산지와 제법에 따라 회장 안에서 몇 군데로 나뉘어 경매가 진행된다. 사진 앞쪽에 보이는 자료는 중개업자가 샘플과 함께 준비해 온 카탈로그이다. 바이어는 이 카탈로그를 보면서 수매를 결정한다.

차 경매 회장으로 사용되는 콜롬보의 상공회의소.

상공회의소나 현지의 중개업자, 차업 조합에 등록된 사람으로 제한되어 있어서, 현지에 등록된 공인 바이어를 거치지 않으면 수매가 불가능합니다. 경매 시장이 공정한 거래 방법이긴 하지만 이따금 상상을 초월하는 싼값이나, 예상 밖의 고가로 거래되는 측면도 있습니다. 예전에는 영국이나 네덜란드, 벨기에와 같은 소비국에서도 경매 시장이 열렸지만 요즘에는 생산지에서만 경매가 개최됩니다.

　최근 중요도가 높아지고 있는 거래 중 '합의 매매'라는 방식이 있습니다. 바이어가 경매를 통하지 않고 다원과 직접 교섭하여 사들이는 방식으로 바이어의 상황에 맞추어 특별 가격 협상으로 거래되기 때문에 경매 시장보다 높은 가격으로 거래되는 일이 많습니다.

절대 잘못된 방식이 아니에요!

무성의하다고 생각하지 말고
티백으로도 홍차를 즐기자

'티백은 잘못된 방식'이라는 생각은 옳지 않습니다. 손님을 초대한 자리에서 티백으로 우린 홍차를 내오면 성의 없어 보인다고 생각하는 사람들도 많겠지요. 하지만 바쁘거나 사무실 같은 외부에서 차를 마실 때, 혹은 찻잎 찌꺼기를 처리할 장소나 시간이 마땅치 않을 때는 티백이 큰 역할을 합니다.

티백이 잘못된 방식이 아닌 이유는 티백 또한 맛있게 마실 수 있도록 특별히 고안된 제법으로 만들어졌기 때문입니다. 티백은 작은 주머니 속에서 그 홍차가 가진 맛과 향을 모두 보여주어야 합니다. 그래서 잎차보다 찻잎이 둥글고 작아지는 CTC 제법으로 만듭니다. CTC 제법으로 만든 티백은 약 1분 만에 향미와 빛깔을 갖춘 아름다운 홍차를 우려낼 수 있습니다. 추출할 때 홍차의 온도가 최대한 높게 유지되도록 티포트를 사용하면 맛있는 홍차를 우릴 수가 있습니다.

티백은 바쁜 현대에는 고맙고 훌륭한 아이템이지 잘못된 방식이 아닙니다. 티백 하나만 있으면 시간과 공간을 가리지 않고 언제나 맛있는 홍차를 즐길 수 있답니다.

뚜껑을 덮고 홍차를 우리면 온도를 최대한 높게 유지할 수 있어서 맛있는 홍차가 만들어진다.

홍차가 있는
여행

We go for a trip with tea

영국에서는 어디를 가도
홍차가 함께합니다. 이런 영국으로
홍차 여행을 떠나 볼까요?

본고장 영국의 티타임

친구들과 수다를 떨고 싶을 때, 식사 후 잠깐의 여유 시간에, 혹은
지치고 피곤할 때까지, 영국인들에게 홍차는 없어서는 안 될 존재이다.

영국의 도시를 걷다 보면 발길 닿는 곳마다
유니언 잭이 나부끼는 모습을 볼 수 있다.

영국인에게 홍차란

호텔 룸에 놓인 티 세트, 라운지에서 홍차를 즐기는 사람들, 거리 한쪽
에 세워둔 간판에 쓰인 '크림 티'라는 글자, 열차 안에서 제공되는 뜨
거운 홍차, 역 앞의 기념품 가게에 놓여 있는 독특한 디자인의 머그와
홍차 패키지까지. 영국을 여행하다 무심코 주위를 둘러보면 반드시 홍
차의 흔적을 찾을 수 있습니다. 영국 여행은 홍차가 있는 풍경과의 만
남으로 영국이 홍차의 본고장이라는 사실을 실감하게 해줍니다.

빅토리아 시대(19세기 중반~20세기 초반)에 영국의 유명한 정치가였
던 윌리엄 글래드스턴은 홍차에 대해 다음과 같은 말을 남겼습니다.

"추울 때는 홍차가 따뜻하게 해줍니다. 더울 때는 홍차가 시원하게
해주지요. 혹시 의기소침해 있다면 홍차가 기운을 북돋워줄 것이고, 흥
분해 있을 때는 마음을 진정시켜줄 겁니다."

이 말에서 홍차가 우리를 더 나은 방향으로 이끌어준다는 그의 생각
을 읽을 수 있습니다. 홍차를 사랑하는 영국인들의 마음속 깊은 곳에는

영국은 도심지 곳곳에 공원이 있어서
산책을 즐기기에도 좋다.

공중전화 박스와 우체통. 택시. 그리고 이층 버스.
영국의 향기가 물씬 풍기는 길거리.

이 구절이 새겨져 있는 모양입니다. 홍차 이야기를 나눌 때면 나에게
이 말을 들려주는 사람을 몇 명이고 만날 수 있었으니 말입니다.

홍차로 보는 영국인의 하루

대부분의 영국인들은 자신의 라이프 스타일이나 상황에 맞추어 다양한
종류의 티타임을 즐깁니다. 그렇다면 홍차의 나라 영국에는 어떤 티타
임들이 있을까요?

하루 중 제일 처음 마시는 홍차를 '얼리 모닝 티'라고 합니다. 침대에
서 일어나지 못한 아내를 위해 남편이 홍차를 가져다주는데 침대에 누
워서 마시기 때문에 '베드 티'라고도 합니다. 아침 식사 시간 따뜻한 요
리가 풍성하게 차려지는 잉글리시 브렉퍼스트에는 뜨거운 밀크티가 꼭
등장합니다.

오전에 갖는 휴식 시간은 '일레븐시스'라고 하여 정각 11시경에 갖
는 티타임을 말합니다. 가정에서도 집안일을 잠시 멈추고 홍차로 기분
을 전환하지요! 직장에서도 휴식 시간을 마련해 티타임을 즐기는 곳이

선명하게 빛나는 꽃들이
일 년 내내 거리를 장식하고 있다.

있습니다. 더욱 힘을 낼 수 있는 에너지를 홍차로 충전하는 것입니다.

애프터눈 티와 하이 티의 차이점

오후에는 기다리던 '애프터눈 티' 시간이 돌아옵니다. 영국 하면 애프터눈 티라고 할 정도로 마치 영국의 대명사와 같은 존재입니다. 빅토리아 시대에 상류 계급 사이에서 시작된 애프터눈 티는 영국인들의 일상 속에 완전히 자리 잡았습니다. 호텔 라운지에서 즐기는 애프터눈 티는 이제는 영국의 관광 명물 중 하나가 되었습니다.

하지만 우리가 관광을 위해 찾아가는 고급스러운 애프터눈 티는 영국 사람들에게도 특별한 공간입니다. 3단의 케이크 스탠드가 나와야만 애프터눈 티인 것은 아닙니다. 평범한 일상 속에서 홍차를 우려 가족이나 친한 친구들과 느긋하게 즐기는 오후의 한 때도 애프터눈 티입니다.

애프터눈 티와 자주 혼동하는 티타임으로는 '하이 티'가 있습니다. 하이 티는 노동자 계급에서 만들어진 문화로 저녁 시간에 즐기는 티타임을 말합니다. '하이 티'라는 명칭의 유래도 다양합니다. 응접실의 낮은 테이블에서 즐기던 애프터눈 티에 비해 하이 티는 좀 더 높은 주방의 테이블에서 마셨기 때문이라는 설도 있고, 또 등받이가 높은 어린이용 의자에 앉은 아이들이 함께 저녁을 먹었던 데서 유래했다는 설도 있

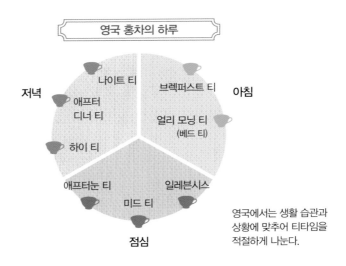

영국 홍차의 하루

저녁

나이트 티
애프터
디너 티
하이 티
애프터눈 티
미드 티

아침

브렉퍼스트 티
얼리 모닝 티
(베드 티)
일레븐시스

점심

영국에서는 생활 습관과
상황에 맞추어 티타임을
적절하게 나눈다.

습니다. 다만 '하이 클래스'나 '하이 패션'같은 표현은 '하이 티'의 유래
와는 무관합니다.

티타임에 맞춰서 홍차를 고른다

영국에서는 저녁 식사 후에 마시는 음료로 홍차보다는 커피를 선호하
는 사람들이 많다는 이야기도 있습니다. 하지만 일반적으로 커피는 식
후의 마침표로, 홍차는 휴식이나 기분 전환의 타이밍에 마신다는 인식
이 있습니다.

홍차에는 다양한 종류가 있는데 오전에는 진하게 탄 홍차에 우유를
넣어서 마시고, 오후에서 저녁으로 갈수록 향이 뛰어난 홍차를 고릅니
다. 아침에는 잉글리시 브렉퍼스트나 대중적인 티백을, 오후에는 다르
질링이나 얼 그레이, 애프터눈 블렌드를 즐깁니다. 티타임에 맞춰서 홍
차를 고르는 즐거움에 익숙한 영국인들의 모습이야 말로 영국이 홍차
의 나라임을 잘 보여줍니다.

홍차의 향기로 아침을 시작하다

영국은 하루가 홍차의 시간으로 채워져 있다고 해도 과언이 아니다.
그중에서 가장 소중한 시간이 아침의 티타임이다.

해변 도시 브라이튼에서.

침대에서 즐기는 감미로운 아침의 향기

'얼리 모닝 티'나 '베드 티'로 불리는 이른 아침의 티타임. 그날 하루가 밝고 행복하기를 바라는 마음을 담아 홍차로 하루의 시작을 여는 근사한 순간입니다. 일반 가정에서 홍차 준비는 남성들의 몫입니다. 아직 침대에 있는 아내를 위해서 뜨거운 홍차를 우려 침대로 가져다줍니다.

산업혁명 시기에 공장에서는 근로자를 위해 아침 식사를 제공하는 곳이 많아서 출근하는 남편들은 굳이 집에서 아침 식사를 할 필요가 없었습니다. 그런 남편들은 아내보다 먼저 일어나 홍차를 준비해서 아내 곁에 두고 출근했고, 이것이 습관화되면서 얼리 모닝 티라는 티타임이 생겨났습니다.

마치 영화 속 한 장면을 보고 있는 것 같지만 영국인 친구가 매일 아침 남편이 홍차를 가져다준다고 말하는 것을 보면 사실인 모양입니다. 결혼한 이후로 벌써 30년째 계속되고 있는 습관이라 전날 밤에 부부 싸움을 해도 다음 날 아침 홍차를 건너뛰는 일은 한 번도 없었다고 합

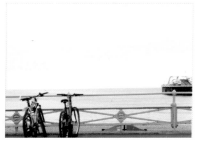

산책하며 마주치는 이런 장면들도 여행 속 하나의 추억이된다.

전철만 타도 런던 근교의 아름다운 도시들로 짧은 여행을 갈 수 있다.

니다. 홍차를 한 입 머금고 잠들어 있던 몸과 마음을 깨우다 보면 어느 새 어젯밤의 다툼은 생각도 나지 않는다고 합니다. 그 시간이 하루 중 가장 행복이 넘치는 소중한 시간이라는 말을 덧붙이면서 말입니다.

여행지의 호텔에서도 홍차로 하루를 시작한다

영국으로 여행을 가면 꼭 얼리 모닝 티를 음미해 봅시다. 대부분의 호텔에는 방 문 손잡이에 룸서비스를 위한 주문 용지가 걸려 있어서 다음 날 아침에 받고 싶은 룸서비스들을 상세하게 선택할 수 있도록 되어 있습니다. 시간대도 본인이 원하는 시간으로 지정할 수 있어서 방에서 여유롭게 있다가 홍차를 음미하는 더없이 아늑하고 행복한 시간을 경험할 수 있습니다.

아침에 눈 뜨자마자 몸 안 가득히 퍼지는 홍차로는 이왕이면 밀크티가 좋습니다. 스트레이트 티는 빈속에 자극이 될 수도 있기 때문입니다. 여기에 간단한 비스킷 등을 곁들이면 훨씬 근사한 티타임이 완성됩니다. 날씨가 좋지 않아도 홍차로 아침을 시작한다면 홍차 향기가 마음만은 쾌청하게 만들어줄 것입니다.

애프터눈 티를 만끽하자

우아함과 낭만 가득한 애프터눈 티. 꿈에 그리던
이 순간을 제대로 즐기기 위한 매너와 팁을 알아보자.

런던에 위치한 사보이 호텔의 애프터눈 티.
출처 : 사보이 호텔 런던 지점

인기 많은 애프터눈 티는 예약이 필수

3단 케이크 스탠드 위에 놓인 샌드위치와 스콘, 그리고 각양각색의 비
스킷까지. 애프터눈 티는 상상만으로도 마음을 설레게 합니다. 많은 여
성들이 영국 여행의 주요 일정으로 일류 호텔이나 티룸에서 즐기는 애
프터눈 티를 일정표에 적어 넣을 것입니다.

애프터눈 티는 여행을 떠나기 전에 미리 예약을 잡아야 합니다. 가이
드북 등에 실린 인기 많은 티룸은 예약이 필수입니다. 최근에는 온라인
상에서 애프터눈 티를 예약할 수 있는 티룸도 많아졌습니다. 특히 일류
호텔의 티룸은 구체적으로 시간을 나누어서 예약 절차를 알기 쉽게 안
내하고 있으니 꼭 이용해 봅시다.

예약 없이 현지에 도착했을 때는 호텔 안내원에게 부탁해 예약 대행
을 요청하는 방법도 있습니다. 인기 많은 애프터눈 티는 3개월 후까지
예약이 잡혀 있기도 하니 원하는 시기에 애프터눈 티를 즐기고 싶다면
하루라도 빨리 예약을 서두릅시다.

뜨거운 홍차가 흐르는 우아한 애프터눈 티타임.
출처 : 사보이 호텔 런던 지점

아껴두던 나만의 옷으로 최대한 멋을 내자

애프터눈 티에 참석할 때 복장에 대해서 질문을 하는 사람들이 많은데 그때마다 항상 이렇게 대답합니다.

"옷장 깊숙한 곳에서 나갈 때만을 기다리는 가장 화려하고 멋진 원피스나 블라우스, 스커트가 있을 거예요. 그런 옷으로 최대한 멋을 내고 가세요."

애프터눈 티는 사교의 시간으로, 티룸을 찾는 현지인들을 보면 남성은 슈트에 넥타이, 여성은 원피스나 정장으로 한껏 멋을 내고 오는 경우가 많습니다. 그렇기 때문에 그 공간이 더욱 화려하고 우아하게 비추어지는 것입니다. 설레는 마음으로 계획까지 세워 참석하는 애프터눈 티에 '이 정도면 됐지 뭐'라는 식으로 평상복을 입고 가기에는 너무 아깝지 않습니까! 의상이 갖춰지면 꿈꿔오던 애프터눈 티타임을 호화로운 기분으로 즐길 수 있습니다.

의상을 갖출 때는 신발에도 꼼꼼히 신경 써야 합니다. 여행 중이라고

스콘은 현지에서
꼭 먹어봐야 할 과자이다.

해도 워킹화나 스니커즈 같은 신발은 피해야 합니다. 커다란 쇼핑백을
양손에 들고 있을 때는 호텔 로비의 물품 보관소에 맡기고 가벼운 차
림으로 티룸에 들어가세요. 큰 짐을 놓고 나오면 여유가 생겨서 그만큼
발걸음도 가벼워집니다.

근사한 시간을 보내기 위해 알아두면 좋은 팁

지금부터는 티룸에 도착했다고 생각해 봅시다. 자리에 앉아 메뉴를 건
네받으면 우선은 내용을 찬찬히 살펴보도록 합니다. 애프터눈 티라고
해서 하나로 통일되어 있는 것이 아닙니다. 코스가 다양해서 샴페인이
함께 나오는 메뉴, 계절이나 이벤트에 맞춰서 테마가 정해져 있는 메뉴
도 있습니다. 또 티 푸드의 종류가 조금씩 다른 경우도 있습니다.

   어떤 것을 선택해야 할지 고민될 때는 가장 정통적인 메뉴나 오리지
널 블렌드를 주문하거나 직원에게 추천 메뉴를 물어봐도 좋습니다. 요즘
나오는 오리지널 블렌드는 개성을 많이 드러내는 편이라 가향차를 블
렌딩하는 곳이 많아졌습니다. 취향에 맞는 홍차를 고르는 것이 제일 좋
지만 여행을 할 때는 항상 같은 종류의 홍차를 고르는 것도 추천합니다.
예를 들자면 '이번 여행에서는 얼 그레이'처럼 하나로 정해 놓으면 같

은 얼 그레이라도 티룸마다 어떻게 다른지 차이를 파악할 수 있습니다.

티 푸드는 포장을 해주기도

드디어 3단 케이크 스탠드가 테이블 위로 등장합니다. '샌드위치→스콘→케이크'의 순서로 먹는 것이 기본이지만 따뜻한 메뉴부터 먹어도 상관없습니다. 애프터눈 티의 티 푸드는 손으로 집어서 먹을 수 있고 한 입 크기로 나오기 때문에 입가에 묻히지 않고 먹을 수 있습니다.

샌드위치에 스콘, 케이크 까지……. '배가 불러서 더 이상은 못 먹어!' 싶을 때는 무리하지 말고 포장을 부탁합시다. 테이크 아웃을 영국에서는 '테이크 어웨이(Take away)'라고 하며, 대부분 흔쾌히 응해 줍니다. 숙박 중인 호텔이라면 방으로 케이크 스탠드를 통째로 옮겨다 주는 티룸도 있습니다. 공간과 기분을 환기시켜 두 번째 애프터눈 티를 즐기는 건 어떨까요?

거리의 작은 한 컷이 마음에 따뜻한 등불을 밝혀준다.

여성들에게 인기 있는 앰퍼샌드 호텔 런던 지점의 애프터눈 티.

Time travel
with tea

여행지에서 홍차 즐기기

분위기에 많은 영향을 받는 홍차. 어디서든
어느 때든 티타임을 즐기면 멋진 추억을 만들 수 있다.

숙박 중인 호텔에서는 라운지도
내 집처럼 편안하게 즐길 수 있다.
출처 : 앰퍼샌드 호텔 런던 지점

내 집처럼 편하게 티타임을 즐길 수 있는 방법

외국에서 음미하는 홍차는 일상으로부터의 해방감을 주면서 조금은 색
다른 기분으로 만들어줍니다. 창밖으로 보이는 풍경과 실내의 소품들,
그리고 낯선 곳에서 한가로이 보내고 있다는 기분이 입에 머금은 차를
훨씬 감미롭게 해주니 참 신기한 일입니다. 그래서 여행지에서는 더욱
더 다양한 곳에서 홍차의 시간을 음미하면 좋습니다.

우선 숙박 중인 호텔 라운지나 티룸에서 즐겨봅시다. '방에서도 홍
차를 마실 수 있는데 굳이 호텔 라운지에서 돈을 내가며 마실 필요
가……'라고 생각하나요? 숙박 중인 호텔은 여행 중에 내 집처럼 안심
하고 쉴 수 있는 장소입니다.

그리고 미술관과 같은 전시장에 마련된 티룸에서 홍차를 음미해 보
면 어떨까요? 그림을 감상하고 난 후에 생긴 여유 시간을 홍차의 향기
와 함께하면 또 다른 추억으로 남을 것입니다.

녹음이 우거진 영국의 풍경을 바라보면서 홍차를 즐기는 기차 안은 움직이는 티룸이나 마찬가지이다.

아름다운 경치가 바뀌어 가는 모습을 감상할 수 있는 것도 기차 여행의 즐거움 중 하나이다.

아름다운 경치를 마음껏 감상할 수 있는

영국 정보통으로 알려진 여행 작가에게서 영국 국내를 기차로 이동할 때는 '브리트레일 패스(Britrail Pass)'를 이용하면 좋다는 팁을 얻었습니다. 그 후 즉시 4일 간 자유롭게 탈 수 있는 이 패스를 인터넷에서 구입하여 기차 여행길에 올랐습니다.

브리트레일 패스는 영국의 국외에서 살고 있는 사람만이 구입할 수 있는 할인 티켓이라서 영국에서는 구입이 불가능하므로 영국에 가기 전에 사야 합니다. 유효 기간이나 이용 가능 지역 등이 상세하게 정해져 있는데, 기한이 길고 이용 가능 지역이 넓을수록 티켓의 가격도 높아집니다. 저는 스코틀랜드의 에든버러를 출발해서 도자기로 유명한 스토크온트렌트를 경유하여, 런던까지 이동할 예정이었습니다.

패스 사용은 처음이라 좌석은 1등석으로 선택했는데 승차하는 기차에 따라 음료와 먹거리가 무료로 제공되어서 기분이 좋았습니다. 무엇보다 창밖으로 펼쳐진 풍경의 변화를 감상하며 뜨거운 홍차를 음미할 수 있어서 감동적이었습니다. 종이컵에 티백을 담아주는 경우가 대부분인데 도자기 컵에 나올 때도 있었습니다.

호텔 룸에서도 홍차로
느긋하게 여유를 즐길 수 있다.

 마을의 풍경과 멀리 보이는 교회, 해안선과 푸르른 나무들, 파란 하늘과 두둥실 떠가는 구름, 약간 특이한 발음의 역 이름까지 눈에 들어오는 모든 것들이 감동으로 다가왔습니다. 감동스러웠던 나머지 가슴이 뜨거워져서 서둘러 홍차를 입으로 가져갔습니다. 그러자 마구 터져 올라오던 감정이 진정되며 홍차와 함께 행복한 기분이 고요하게 몸속으로 흘러들어왔습니다. "당신이 흥분되어 있다면, 홍차가 당신을 진정시켜줄 것입니다"라는 윌리엄 글래드스턴의 명언을 실감하는 순간이었습니다.

슈퍼마켓에서 합리적인 가격의 홍차를

홍차를 사러 쇼핑에 나서는 것도 여행지에서만 느낄 수 있는 즐거움 중 하나이니 현지의 슈퍼마켓은 꼭 들러보기를 권합니다. 현지의 생활상을 엿볼 수 있으면서도 평소에 보기 어려운 브랜드의 홍차를 합리적인 가격에 구매할 수 있기 때문입니다.

 영국의 슈퍼마켓 중에서는 '테스코(TESCO)', '세인스버리(Sainsbury's)', '막스 앤 스펜서(M&S)', '웨이트로즈(Waitrose)'가 유명하지만 다른 가게에서도 얼마든지 그 분위기와 다양한 식료품들을 즐길 수 있

길거리에서 발견한 제철 과일. 딸기는 달콤하고 싱싱한 여름철 과일이다.

마을 이곳저곳에 장식된 꽃을 바라보면서 걷는 것도 영국 여행의 매력이다.

습니다. 이러한 슈퍼마켓은 홍차 전문점에서는 보기 힘든 꽤 괜찮은 상품들을 저렴한 가격에 제공합니다. 특히 각 슈퍼마켓에서만 독자적으로 개발하여 판매하는 PB(Private brand products) 상품은 국내에서는 구할 수 없는 것들이 많아서 선물용으로도 안성맞춤입니다.

현지의 생활을 알고 싶다면 균일가 매장으로

이 밖에 흥미로운 가게로는 모든 물건을 1파운드에 살 수 있는 '파운드랜드(Poundland)'와 이보다 1페니 더 저렴한 '99p 스토어즈(99p Stores)'가 있습니다. 영국에서 자주 볼 수 있는 이 가게는 매번 손님들로 북적입니다. 내셔널 브랜드(National Brand, 어느 정도의 넓은 지역에 유통되는 상품 – 옮긴이 주) 홍차 제품도 판매하는데 슈퍼마켓의 제품과는 디자인이나 용량에 차이가 있어서 균일가 매장용 상품임을 알 수 있습니다.

영국의 균일가 매장에는 희한한 상품들도 많아서 매장 안을 구경하는 재미가 상당합니다. 쇼핑을 하면서 둘러보기만 해도 여행 중인 그 나라의 '현재'를 확실하게 체험할 수 있습니다.

환영받는 티타임 선물

여행 선물은 그곳에서의 즐거웠던 시간을 소중한 사람에게
보내는 메시지이다. 정말 멋진 선물을 고르도록 하자.

종이로 만든 예쁜 티 냅킨은 가벼워서
선물용으로도 좋다.

영국의 향기가 물씬 풍기는 홍차와 잼, 그리고 향신료

영국 여행 선물의 대명사로는 역시 홍차를 빼놓을 수 없습니다. 하지만
종류가 너무 많아서 선뜻 고르기가 쉽지 않습니다. 종류를 고를 때 망
설여진다면 '잉글리시 브렉퍼스트'나 '다르질링', '얼 그레이'처럼 대중
적인 것을 선택하도록 합시다. 받는 사람이 홍차 애호가가 아닌 이상
선물용으로는 잎차보다 티백을 선택하는 것이 좋습니다. 티백이 가볍
게 즐기기에 좋아서 일상적으로 많은 사람들이 사용하기 때문입니다.
조그마한 병에 담긴 잼이나 향신료도 추천하고 싶습니다. 포장도 예쁘
고 손쉽게 사용할 수 있어서 상당히 편리합니다.

명소나 명물이 그려진 티 타월

여행지에서 사오는 선물이라면 누구나 최대한 작고 가벼운 것으로 구
입하고 싶을 것입니다. 그리고 깨지거나 모양이 변할 수 있는 물건은 피
해야 합니다. 티 타월은 이러한 조건에 가장 이상적인 선물입니다. 마나

영국 관광지에서 많이 판매되는 티 타월.
쟁반 위에 깔거나 벽에 장식해도 예쁘다.
다양하게 활용할 수 있고 수집하는 즐거움까지 있다.

면으로 만들어서 빳빳한 감촉이 특징입니다. 영국의 관광지에 가면 그 고장을 상징하는 건물이나 풍경, 동물, 식물의 일러스트를 그려 넣은 티 타월을 많이 판매합니다. 가볍고 사이즈도 작은데다 현지만의 독특한 분위기가 전해지는 실용적인 선물입니다. 활용 방법도 다양해서 벽 장식으로 사용해도 근사하고 먼지가 앉지 않도록 식기 위에 걸쳐 놓거나 쟁반 위에 깔아 식기를 올려놓아도 좋습니다. 선명한 디자인의 종이 냅킨도 여성용 선물로 상당히 환영받으니 적극 추천하고 싶습니다.

내게도 주고 싶은 홍차 선물

런던 시내에 가면 '엽서 차(POSTCARD TEAS)'라는 작은 차 전문점이 있습니다. 홍차와 중국차 위주로 깔끔하게 진열된 가게 안에서는 홍차

런던에 있는 식료품점 '파트리지(Partridges)'의
티 타월과 범선이 그려진 티 타월.

종류마다 포장지에 예쁜 그림이 붙어 있는 상품들을 만날 수 있습니다. 독특한 점은 포장지에 주소를 직접 쓸 수 있어서 주소를 적어 계산대 옆에 있는 빨간 우체통에 넣으면 가게에서 홍차를 우편으로 보내준다는 것입니다. 직접 만나서 선물을 전해 줄 시간이 없는 친구나 멀리 떨어진 곳에 사는 사람에게 보내면 정말로 기뻐할 것 같습니다. 자신에게 선물해도 낭만적이지 않을까요?

여행 선물은 그곳에서 즐거웠던 시간을 공유하고 싶은 사람에게 보내는 메시지입니다. 선물을 받았을 때 여행지에서 경험한 시간과 공간이 고스란히 전해지는 선물을 골라봅시다.

티타임을 위한
티 푸드

Tea foods for your teatime

과일이나 유제품도 섞어 보고
과자도 곁들여 보세요.
창의력을 발휘하면 즐기는 방법은
무궁무진해집니다.

맛이 더욱 살아나는

홍차 레시피와 티 푸드

홍차는 그 자체로도 맛있지만
유제품이나 과일, 향신료, 그리고 알코올 같은
여러 식재료와 조화롭게 섞이기도 하고,
동서양의 과자를 함께 곁들여도 잘 어울려서
다양한 조합을 즐길 수 있다는 것이 큰 매력입니다.
다른 식재료와 동서양의 과자가 가진 매력을
한층 돋보이게 만드는 '훌륭한 감초 역할'도 하지만
홍차 자체의 존재감도 자연스럽게 감돕니다.
홍차를 즐기는 방식에 '잘못된 방식'이란 없습니다.
당신에게 맛있으면 그것이 바로 당신의 '왕도'예요.
다채로운 식재료와 홍차의 하모니로
생활 속 또 다른 즐거움을 만끽해 보세요.

Seasonal teatime recipe

계절을 만끽하는
티타임 레시피

Spring
봄
recipes

제철 과일과 꽃향기가 어우러진 파스텔컬러로
티타임을 물들여보자.

❀Menu1

벚꽃 향기가 봄의 도래를 알리는
벚꽃 로열 밀크티

○ 재료(2잔 분량)
찻잎 : 티백으로는 3개
　　　잎차로는 티스푼 2큰술
우유 : 200ml
물(또는 따뜻한 물) : 200ml
벚꽃 소금 절임 : 3~4쪽

○ 만드는 법
1　냄비에 우유와 물을 붓고 불을 켠다.
2　찻잎은 잘 우러날 수 있도록 미리 끓는 물
　　(분량 외)에 불려놓는다.
3　1이 끓으면 불을 끄고 2의 찻잎과 물로 헹
　　군 벚꽃 소금 절임을 넣어주고 뚜껑을 덮
　　어 약 3분간 우린다.
4　티컵에 따라준다.

❀Menu2

먹는 즐거움이 함께하는 몸에 좋은
과일 샐러드 티

○ 재료(2잔 분량)
찻잎 : 티백으로는 2개
　　　잎차로는 티스푼 2중간술
끓는 물 : 200ml
얼음 : 적당량
그래뉴당 : 작은술로 4~5술
오렌지, 키위 : 껍질을 벗겨 얇게 자른 것으로
　　　　　　　6쪽씩
사과 : 얇게 썰어서 6쪽(4분의 1크기)

○ 만드는 법
1　2배 정도 진하게 뜨거운 차를 우려낸 후,
　　그래뉴당을 넣고 잘 저어준다.
2　얼음을 가득 넣은 유리컵에 준비한 과일을
　　넣는다.
3　2에 1의 뜨거운 차를 붓고 가볍게 저어준다.

✽Menu 3

우메시소 아이스티

○ **재료(2잔 분량)**

찻잎 : 티백 2개
끓는 물 : 400ml
우메보시 : 2개
차조기 잎 : 2장
얼음 : 적당량

○ **만드는 법**

1 예열해 둔 티포트에 우메보시와 차조기 잎
을 넣어준다.
2 1에 끓는 물을 붓고 티백을 넣어 약 1분간
우린다.
3 얼음을 넣은 유리컵에 2를 따르고 우메보
시와 차조기 잎도 같이 넣어준다. 우메보
시는 으깨서 차에 살짝 풀어준 후 마셔도
훌륭하다.

✽Menu 4

잘 익은 바나나의 대활약

바나나 밀크티

○ **재료(2잔 분량)**

찻잎 : 티백 3개
우유 : 200ml
물(또는 따뜻한 물) : 200ml
바나나 : 잘 익은 것으로 1/2개

○ **만드는 법**

1 냄비에 우유와 물, 동그랗게 썬 바나나를
넣고 불을 켠다.
2 잘 우러나도록 티백은 미리 끓는 물(분량
외)에 불려놓는다.
3 1이 끓으면 불을 끄고 2의 홍차를 우려난
물과 함께 넣은 후, 뚜껑을 덮고 약 3분 정
도 우려낸다.
4 맛의 농도가 일정해지도록 티백으로 저어
주고 표면의 우유 막도 같이 걷어내면서
티백을 꺼낸다. 익힌 바나나까지 모두 컵
에 따라준다.

※ 우메보시(梅干し) : 일본 전통요리로 매실을 소금에 절여서 만든 장아찌의 한 종류이다.
※ 차조기 : 차즈기라고도 한다. 중국이 원산지로 들깨와 닮았다. 잎이 자줏빛이 돌고 향이 짙다. 쌈으로 먹기도 하고,
　장아찌를 담기도 한다. 한방에서는 잎을 진통제로 사용한다. 해산물을 먹고 식중독에 걸렸을 때 잎의 생즙을 마시거
　나 잎을 삶아서 먹기도 한다.
※ 찻잎을 끓는 물에 불릴 때의 물의 양은 찻잎 전체가 물에 잠길 정도를 기준으로 한다.
※ Menu ❸과 ❹를 만들 때에는 잎차보다 티백을 추천한다. 과일에 붙지 않아 깔끔하게 마실 수 있다.

계절을 만끽하는
티타임 레시피

✿**Menu5**

홍차를 더해 깔끔하고 산뜻한 맛으로
로열 밀크티로 만든 프렌치토스트

◯ **재료(2인분)**

찻잎 : 티백으로는 3개, 잎차로는 티스푼 2술
바게트 또는 식빵 : 자른 것으로 4쪽
우유 : 100ml
물 : 100ml
달걀 : 1개
그래뉴당 : 티스푼 2~3술
블루베리 : 20g(냉동도 가능)
홍차액 : 100ml(블루베리 소스용. 끓는 물
          100ml와 티백 1개로 만든다)
샐러드유 : 약간
버터 : 적당량
슈가파우더 : 적당량
민트 잎 : 적당량(장식용)

◯ **만드는 법**

1 냄비에 물과 우유를 넣어 끓이고, 팔팔 끓기 직전에 끓는 물(분량 외)에 불려둔 찻잎을 넣고서 3분 정도 우린다. 그 다음 그래뉴당을 넣고 잘 저어준다.

2 1의 열기가 가시면 풀어놓은 달걀을 넣고 잘 섞은 뒤 티 스트레이너로 걸러서 오목한 그릇에 부어놓는다.

3 잘라놓은 바게트(또는 식빵)를 2에 넣고 약 5분 정도 담가둔다. (중간에 한 번 뒤집는다)

4 살짝 달군 프라이팬에 샐러드유 약간과 버터를 올리고 버터가 녹으면 3의 바게트(또는 식빵)를 올려 약한 불에서 2~3분가량 구운 후, 뒤집어서 1~2분 정도 더 익혀서 약간 그을린 색이 되게 만든다.

5 100ml의 끓는 물에 티백을 1개 넣고 1~2분 정도 우린다.

6 냄비에 블루베리와 5의 홍차액을 넣고 끓을 때까지 살짝 저어주면서 졸인다. 달콤한 소스가 취향이면 그래뉴당을 더 넣는다.

7 4의 잘 구워진 바게트(또는 식빵)를 그릇에 올리고 슈가파우더를 뿌린 다음, 그 위로 6의 소스를 끼얹고 민트 잎으로 장식해준다.

The episode of sweets

── 서양과자에 관한 에피소드 ① ──
스콘

> 티타임의 단골손님인 스콘은 19세기 중반에 현재 모양으로
> 완성되어 영국 전역에서 즐겨 먹는 친숙한 과자이다.

이름의 유래는 신성한 '운명의 돌'에서

영국 여행을 하다 보면 '크림 티'라는 메뉴를 카페 같은 곳에서 자주 보게 됩니다. 크림 티는 클로티드 크림과 잼을 곁들인 스콘과 홍차가 함께 나오는 세트 메뉴로 영국인에게 가장 일상적이고 친숙한 티타임 메뉴 중 하나입니다. 그만큼 스콘은 많은 영국인들에게 사랑받고 있는 음식입니다.

스콘은 스코틀랜드에서 생겨난 과자로 스콘이라는 이름의 유래에는 여러 가지 설이 있습니다. 스코틀랜드의 옛 언어인 게일어의 'SGON(하나의 덩어리나 형태라는 의미)'에서 유래하였다는 설과 스코틀랜드의 스콘성에 있는 '운명의 돌(The Stone of Scone)'과 모양이 비슷하여 이름 붙여졌다는 설이 있습니다. 이 '운명의 돌'은 대관식에서 사용하던 의자의 토대로 놓여 있던 것인데 매우 신성한 존재였습니다. 그래서 스콘을 먹을 때는 나이프를 사용하지 않으며 자를 때도 세로로 자르지 않고 손으로 측면을 갈라 가로 방향으로 자르는 것이 습관으로 굳어져서 현재의 매너로 이어졌다고 합니다.

Seasonal teatime recipe

계절을 만끽하는

티타임 레시피

여름 Summer recipes

홍차에 청량함을 더하면 시원한 티타임을 보낼 수 있다.

☀ Menu 1

뜨거운 홍차를 아이스크림에 끼얹으면

홍차 아포가토

○ 재료(2인분)

찻잎 : 티백으로는 2개
　　　잎차로는 티스푼 2중간술
끓는 물 : 100ml
바닐라 아이스크림 : 적당량(원하는 만큼)

○ 만드는 법

1 4배 정도 진한 뜨거운 차를 만들어둔다.
2 차갑게 식혀 둔 컵에 바닐라 아이스크림을
　담는다.
3 먹기 직전 2의 바닐라 아이스크림 위에
　1의 뜨거운 차를 끼얹는다.

☀ Menu 2

유리컵 속 그라데이션이 정말 예쁜

퍼플티 스쿼시

○ 재료(2잔 분량)

찻잎 : 티백으로는 2개
　　　잎차로는 티스푼 2중간술
끓는 물 : 200ml
블루베리 잼 : 큰술로 1~2술
소다(탄산수) : 적당량
레몬 조각 : 2쪽
얼음 : 적당량

○ 만드는 법

1 2배 정도 진한 뜨거운 차를 만든다.
2 유리컵 안에 블루베리 잼을 넣고 얼음을
　가득 담는다. 1의 뜨거운 차를 80% 정도
　채운다.
3 그 위로 소다를 붓고 레몬 조각을 띄운다.
　마실 때는 잘 저어서 마신다.

☀Menu 3

허브 향기로 싱그러운 홍차를

허브 믹스티

○ **재료**(2잔 분량)

찻잎 : 티백으로는 1개
　　　　잎차로는 티스푼 1중간술
끓는 물 : 400ml
신선한 허브 : 민트, 로즈메리 등
　　　　　　　취향에 맞는 것으로 적당량

○ **만드는 법**

1 예열해 둔 티포트에 허브를 넣고 끓는 물
　을 부은 뒤, 찻잎도 같이 넣어준다.
2 뚜껑을 덮고서 약 1분 반~2분 정도 우
　린다.
3 티컵에 따라 마실 때 허브는 빼고 마신다.

☀Menu 4

민트 향이 솔솔 신선한 풍미

민트 로열 밀크티

○ **재료**(2잔 분량)

찻잎 : 티백으로는 2개
　　　　잎차로는 티스푼 2큰술
우유 : 200ml
끓는 물 : 100ml
민트 잎 : 7~8장
꿀 : 큰술로 2술
얼음 : 적당량

○ **만드는 법**

1 4배 정도 진한 뜨거운 차를 만든다. 이때
　민트 잎도 찻잎과 함께 넣어 우린다.
2 얼음을 가득 넣은 유리컵에 차가운 우유를
　반 정도 채운다.
3 1의 뜨거운 차에 꿀을 넣고 잘 저은 후,
　2의 유리컵에 따른다. 마시기 전에 잘 저
　어준다.

계절을 만끽하는

티타임 레시피

☀Menu5

차가우면서 탱글탱글한 식감의 상쾌한 디저트

홍차 젤리

○ **재료(5개 분량)**

찻잎 : 티백으로는 4개
　　　 잎차로는 티스푼 4중간술
끓는 물 : 750ml
젤라틴 가루 : 10g
그래뉴당 : 30g
레몬 조각 : 꿀에 재운 것을 4분의 1크기로
　　　　　 자른 것 5쪽
민트 잎 : 적당량(장식용)

○ **만드는 법**

1　찻잎에 끓는 물을 부어 뜨거운 차를 만든다.
2　1의 뜨거운 차에 그래뉴당과 젤라틴 가루
　　를 넣고 녹을 때까지 잘 젓는다. 그리고 끓
　　어오른 열기가 식을 때까지 그대로 둔다.
3　좋아하는 모양의 형틀에 2를 붓고 냉장고
　　에 약 3시간 정도 넣어둔다.
4　젤리가 완전히 차가워지면 손으로 눌러서
　　굳은 것을 확인하고 꿀에 재운 레몬 조각
　　을 올린 뒤, 그 위에 민트 잎으로 장식한다.

※ 이 레시피는 젤리가 약간 부드러운 느낌으로 완성되는 분량이므로 단단한 스타일을 원할 때는 젤라틴 가루의 양을
　 조금 많이 넣어주면 된다.

The episode of sweets

서양과자에 관한 에피소드 ②
스콘

> 스콘은 클로티드 크림과 잼을 얹어 먹는 것이 기본이며
> 포슬포슬한 식감에 부드러운 감촉을 느낄 수 있다.

스콘에 바르는 잼은 딸기 잼이 가장 일반적

스콘 하면 빠질 수 없는 것이 바로 클로티드 크림과 잼입니다. 클로티드 크림의 '클로티드(Clotted)'는 '굳다, 응고되다'라는 의미로 잉글랜드 남서 지역에 있는 데본셔의 특산품인 저지종 소에서 짠 진한 우유를 원료로 만듭니다. 이 우유를 일정 온도에 놓아두면 표면에 단단하게 굳은 막이 형성되는데 이 부분만을 모아서 만든 것이 클로티드 크림입니다.

잼은 딸기 잼이 가장 대중적인데 이밖에 블루베리나 라즈베리, 살구 등 다양한 종류의 과일잼을 활용합니다. 하지만 오렌지나 레몬 껍질로 만드는 마멀레이드는 티타임에서 사용하지 않습니다. 영국에서는 마멀레이드를 아침 식사용 잼으로 한정하고 있기 때문입니다.

스콘의 종류는 아무것도 넣지 않은 플레인 스콘이 기본이지만 이 밖에 건포도나 견과류를 넣은 것이나 통밀 가루로 만들어진 스콘도 볼 수 있습니다. 치즈나 올리브, 양파를 넣어서 만든 스콘은 술안주로 먹기도 합니다. 스콘은 티타임만이 아닌 다양한 상황 속에서 즐기는 영국의 대표 음식입니다.

계절을 만끽하는
티타임 레시피

가을 Autumn recipes

쌀쌀한 아침에도, 길고 긴 가을밤에도 잔잔히 스며드는 풍미가
마음까지 따뜻하게 해주는 티타임을 즐겨보자.

❋Menu 1

긴 가을밤,
내 몸을 차분하게 데워줄 홍차
더블 러시안 티

❋Menu 2

밀크티 속에서 느껴지는
감각적인 어른스러운 맛
페퍼 로열 밀크티

○ 재료(2잔 분량)

찻잎 : 티백으로는 2개
　　　잎차로는 티스푼 2중간술
끓는 물 : 400ml
딸기 잼 : 작은술로 2술
레몬 조각 : 2쪽

○ 만드는 법

1 예열해 둔 티포트에 찻잎과 끓는 물을 붓
　고 뜨거운 차를 만든다.
2 컵에 딸기 잼을 넣고서 그 위로 1의 뜨거
　운 차를 붓고 저어준다.
3 2에 레몬 조각을 띄워서 장식한다.

○ 재료(2잔 분량)

찻잎 : 티백으로는 3개, 잎차로는 티스푼 2큰술
우유 : 200ml
물(또는 따뜻한 물) : 200ml
블랙페퍼 : 작은술로 1술

○ 만드는 법

1 손잡이 달린 냄비에 우유와 물(또는 따뜻한
　물)을 넣고 불을 켠다.
2 잘 우러나도록 찻잎은 미리 끓는 물(분량
　외)에 불린다.
3 1이 끓으면 불을 끄고 2의 찻잎을 우러난
　물까지 함께 넣어준다. 이어서 블랙페퍼를
　넣고 뚜껑을 덮은 후 약 3분간 우린다.
4 티 스트레이너로 걸러서 컵에 따르고 마실
　때는 잘 저어서 마신다.

＊Menu③

포도 과즙이 입안 가득 퍼지는
포도 홍차

＊Menu④

알싸한 풍미로 몸을 따끈따끈하게
진저 허니 밀크티

○ 재료(2잔 분량)

홍차 : 티백 2개
끓는 물 : 400ml
포도 : 5알(각각 껍질째 반으로 잘라놓는다)

○ 만드는 법

1 예열해 둔 티포트에 잘라놓은 포도를 넣
   는다. 그 위로 끓는 물을 붓고 티백을 넣은
   다음 뚜껑을 덮고서 우려준다.
2 1분 반~2분 정도 우리고 나면 티백으로
   가볍게 저어준 후 조심스럽게 꺼낸다.
3 2를 포도까지 모두 컵에 따른다. 마실 때
   는 포도도 함께 마신다.

○ 재료(2잔 분량)

찻잎 : 티백 2개
끓는 물 : 300ml
우유 : 100ml
생강 : 얇게 자른 것 6쪽
꿀 : 작은술로 2~3술

○ 만드는 법

1 예열해 둔 티포트에 찻잎과 생강을 넣고
   뜨거운 물을 부어 2분 정도 우린다.
2 따뜻하게 데워놓은 티컵에 우유를 따른다.
3 1의 뜨거운 차에 꿀을 넣고 잘 저어준 후,
   2의 컵에 따른다.

※찻잎을 끓는 물에 불릴 때 물의 양은 찻잎 전체가 물에 잠길 정도를 기준으로 한다.
※ Menu ③ 과 ④ 를 만들 때에는 잎차보다 티백을 추천한다. 다른 재료들에 붙지 않아 깔끔하게 마실 수 있다.

티타임 레시피

*Menu5

홍차가 과한 기름기를 잡아주어 건강한 요리로

홍차 돼지고기 수육

○ 재료(2~3인분)

찻잎 : 티백 2개
물 : 1L(냄비에 넣은 고기가 잠길 정도의 분량)
돼지고기 : 200g(삼겹살, 안심 등)
삶은 달걀 : 2~3개

○ 만드는 법

1 냄비에 물을 붓고 끓으면 티백을 넣는다. 이어서 돼지고기를 넣고 중간불로 약 2~3분 정도 익힌다.

2 약한 불로 줄이고 티백을 꺼낸 다음, 삶은 달걀을 넣고 약 40분간 더 익힌다.

3 돼지고기와 삶은 달걀을 꺼내서 돼지고기는 얇게, 삶은 달걀은 반으로 자른다. 취향에 따라 소금, 간장, 드레싱을 추가해도 좋다.

※ 홍차 돼지고기 수육을 만들 때에는 잎차보다 티백을 추천한다. 다른 재료들에 붙지 않아 깔끔하게 요리할 수 있다.

※ 홍차 돼지고기 수육은 고기 덩어리가 너무 크면 속까지 잘 익지 않을 수도 있다. 잘랐을 때 속까지 익지 않았으면 프라이팬에서 살짝 익힌 후에 먹는다.

The episode of sweets

서양과자에 관한 에피소드 ③
쇼트브레드

> 탄생한 지 900년 이상이 된 쇼트브레드는 바삭한 식감으로
> 홍차와 궁합이 좋은 과자 중 하나이다.

세 가지 재료만으로 손쉽게 만들 수 있는 과자

영국 여행 선물로 홍차와 더불어 인기가 많은 쇼트브레드는 12세기 무렵 스코틀랜드에서 탄생하였습니다. 원래는 크리스마스나 호그머네이(Hogmanay, 스코틀랜드의 섣달 그믐날)처럼 특별한 날에 만들어 먹었는데, 현재는 티타임의 대표적인 과자 중 하나로 일상적으로도 자주 즐겨 먹습니다. 때로는 샴페인이나 셰리 와인 같은 알코올 음료에 곁들여 먹기도 합니다.

'쇼트브레드'란 이름에서 '쇼트(Short)'는 영어로 '바삭바삭한'이라는 의미가 있습니다. 만드는 데 필요한 재료는 상당히 간단한데 밀가루, 버터, 설탕, 이 세 가지면 충분합니다. 배합 비율도 3:2:1이라 생각날 때면 언제든지 바로 만들어 먹을 수 있는 친근함이 매력입니다. 모양은 손가락 사이즈의 길고 가는 형태나 동그란 모양이 많은데, 동그란 모양의 가장자리에 프릴처럼 주름을 잡아서 부채꼴 모양으로 잘라 먹는 '페티코트 테일'이 유명합니다. 귀부인들이 입는 페티코트의 옷자락과 비슷해서 지어진 이름으로 16세기 중반 스코틀랜드 여왕인 메리가 이름 붙였다고도 합니다.

계절을 만끽하는

티타임 레시피

겨울 Winter recipes

추운 겨울에는 농후한 맛의 홍차로
몸도 마음도 따끈따끈해지는 티타임을 가져보자.

❄**Menu 1**

크리스마스의 향이 피어나는

오렌지 정향 차

○ 재료(2잔 분량)

찻잎 : 티백 2개
끓는 물 : 400ml
오렌지 조각 : 2쪽
정향 : 약 20개

○ 만드는 법

1 예열해 둔 티포트에 찻잎과 끓는 물을 붓
　고 뜨거운 차를 만든다.
2 얇게 자른 오렌지에 정향을 끼워 컵에 넣
　는다.
3 2의 위에 1의 홍차를 따른다.

❄**Menu 2**

남겨놓은 찐 단호박의 대변신

단호박 차이

○ 재료(2잔 분량)

찻잎 : 티백 3개
우유 : 400ml
남겨 둔 찐 단호박 : 먹기 좋은 크기로
　　　　　　　　　　　2~3조각
시나몬 가루 : 적당량

○ 만드는 법

1 냄비에 우유와 남겨 놓은 찐 단호박을 넣
　고 불을 켠다.
2 잘 우러나도록 티백은 미리 끓는 물(분량
　외)에 불린다.
3 1이 팔팔 끓어오르기 직전에 불을 끄고
　2의 우러나온 물까지 냄비에 넣고서 뚜껑
　을 덮어 약 3분 정도 우린다.
4 티백을 가볍게 흔들어서 꺼내고 홍차를 컵
　에 따른 다음, 단호박을 넣고 그 위에 시나
　몬 가루를 뿌린다.

✳Menu3

참깨와 콩가루를 더한
부드러운 식감의 맛

일본풍 밀크티

○ 재료(2잔 분량)

홍차 : 티백 3개
우유 : 400ml
끓는 물 : 약간
참깨 페이스트 : 큰술로 1술
콩가루 : 큰술로 1술

○ 만드는 법

1 냄비에 우유를 넣고 불을 켠다.

2 잘 우러나도록 티백은 미리 끓는 물(분량
외)에 불린다.

3 1이 팔팔 끓어오르기 전에 냄비를 내려놓
고, 2의 홍차를 우린 물까지 모두 넣는다.
그리고 뚜껑을 덮어 약 3분간 우린다.

4 다 우러나면 티백을 가볍게 흔들어 우유의
막을 걷어내면서 꺼내주고, 참깨 페이스트
와 콩가루를 넣고 잘 저은 후 컵에 따른다.
취향에 따라 그래뉴당을 첨가하면 바디감
이 더욱 살아난다.

✳Menu4

감귤 계열 과일들이
우아한 향을 자아내는

시트러스 하모니

○ 재료(2잔 분량)

찻잎 : 티백으로는 2개
    잎차로는 티스푼 2중간술
끓는 물 : 400ml
오렌지, 라임, 레몬 : 껍질을 벗겨 얇은 조각으
    로 2쪽씩
꿀 : 큰술로 2술

○ 만드는 법

1 포트에 찻잎을 넣고 뜨거운 물을 부어 티
백으로는 1분, 잎차로는 2분 정도로, 우리
는 시간을 약간 짧게 잡고 연하고 뜨거운
차를 만든다.

2 컵에 오렌지, 라임, 레몬을 넣고 그 위로 꿀
을 끼얹는다.

3 1을 2의 컵에 따르고 가볍게 저어준다.

※ Menu ❶. ❸. ❹를 만들 때에는 잎차보다 티백을 추천한다. 다른 재료들에 붙지 않아 깔끔하게 마실 수 있다.
※ '찻잎을 끓는 물에 불릴 때' 물의 양은 찻잎 전체가 물에 잠길 정도를 기준으로 한다.

계절을 만끽하는
티타임 레시피

❄Menu5

촉촉하면서 바디감 있는 홍차 풍미의 메뉴

사과 홍차 조림

○ 재료(2인분)

찻잎 : 티백으로는 2개, 잎차로는 티스푼 2중간술
끓는 물 : 500ml
그래뉴당 : 10g
사과 : 1개

○ 만드는 법

1 찻잎에 끓는 물을 부어서 뜨거운 차를 만들고 그래뉴당을 넣어 잘 녹인다.
2 사과는 껍질을 벗겨서 8등분으로 잘라놓는다.
3 냄비에 1의 홍차와 2의 사과를 넣고 뚜껑을 덮은 후, 눌어붙지 않도록 잘
　 뒤집어주면서 30~40분 정도 졸인다.
4 3을 그릇에 옮기고 졸인 국물까지 함께 냉장고에서 잘 식혀주면 완성. 취
　 향에 따라 아이스크림 등을 곁들여 먹어도 좋다.

—— 서양과자에 관한 에피소드 ④ ——
쇼트브레드

꽃이나 크리스마스 트리 등 쇼트브레드의 모양은 참으로 다양하다.
모양을 보면서 고르는 즐거움이 있는 과자이다.

왕실에 경사가 있을 때에는 기념품으로 판매되기도

전통적인 쇼트브레드를 만드는 방식으로는 원형의 나무틀에 반죽을 붓고 본을 떠서 오븐에 굽는 방식이 있습니다. 과거에는 각 가정에 오븐이 없었기 때문에 지역마다 있는 오븐을 공동으로 사용했습니다. 그래서 다 구워진 쇼트브레드가 어느 집에서 만든 것인지 알 수 있도록 나무틀에 각 가문의 문장(紋章)이나 이니셜을 새겨 넣어 구별할 수 있게 만들었다고 합니다. 그것에서 유래하여 현재는 스코틀랜드의 국화인 엉겅퀴나 크리스마스 트리 모양, 별 모양, 눈사람 모양 등, 각양각색의 모양을 본 뜬 다채로운 쇼트브레드가 판매되고 있습니다.

쇼트브레드는 여행 선물이나 일반적인 선물로도 애용되는데 로열 웨딩, 로열 베이비의 탄생처럼 왕실에 경사가 있을 때 기념품으로 출시되기도 합니다. 쇼트브레드가 스코틀랜드에서 만들어진 지 900년이 넘는 시간이 흘렀지만 가정에서 직접 만든 것에서부터 여행용 선물, 그리고 왕실 관련 기념품까지 지금도 여전히 많은 사람들이 즐겨 먹는 과자 중 하나입니다.

티타임을 더욱
즐겁게 만들기 위한
영국 전통의
티 푸드

❖Food 1 영국의 여자아이들이
가장 먼저 배우는 과자

스콘

스콘은 티타임의 대표적인 단골 메뉴이다. 빵
과 케이크의 중간 정도에 위치한 스콘은 영국
여자아이들이 엄마에게 가장 먼저 만드는 법을
배우는 과자라고 한다. 옆으로 잘라서 위아래로
가른 사이에 잼과 클로티드 크림을 듬뿍 얹어
먹는 것이 기본이다.

● 잘 어울리는 홍차
· 농후한 맛의 밀크티

❖Food 2 바삭바삭 씹히는 식감이 홍차
와는 둘도 없는 단짝

쇼트브레드

밀가루, 버터, 설탕으로 만드는 스코틀랜드의 전
통 과자이다. '쇼트'는 바삭바삭한 식감을 뜻한다.
길쭉한 직사각형이나 부채꼴 모양이 대부분인데
크리스마스 시즌에는 별, 크리스마스 트리, 눈사
람 등 여러 종류의 모양을 즐길 수 있다.

● 잘 어울리는 홍차
· 뚜렷한 풍미의 스트레이트 티
· 농후한 맛의 밀크티

❖Food 3 축하연에서 손수 만들어 대접하는
파운드케이크

1파운드의 밀가루와 버터, 설탕, 달걀로 만든다고 해서 '파운드케이크'라는 이름이 생겼다. 영국에서는 18세기 무렵부터 파운드케이크의 레시피가 등장했다고 한다. 보관할 수 있는 기간이 길어서 예전부터 영국에서는 축하연 자리에 자주 등장한다.

● **잘 어울리는 홍차**

· 스트레이트 티
· 밀크티

❖Food 4 오이를 넣어야 정통 영국식
샌드위치

오이 샌드위치가 대표적이다. 신선한 야채를 구하기 힘들었던 시절에는 오이를 대접한다는 것 자체가 부의 상징이었다. 이외에도 달걀이나 햄, 훈제 연어, 로스트비프를 주로 사용하고 약간 작은 사이즈로 잘라주는 것이 기본이다.

● **잘 어울리는 홍차**

· 기문, 다르질링 등의 스트레이트 티

❖Food 5 빅토리아 여왕에서 유래한 케이크
빅토리아 샌드위치

샌드위치라고는 하지만 알고 보면 케이크이다. 2개의 스펀지케이크 사이에 라즈베리 잼을 바르고 표면에는 슈가파우더를 뿌린 심플한 케이크로, 19세기 빅토리아 여왕을 위해 만들었다고 해서 이름 붙었다. 지금도 티타임의 단골 메뉴로 사랑받는다.

● **잘 어울리는 홍차**

· 스트레이트 티
· 밀크티

Let's make your original tea

나만의 홍차를 찾아서

오리지널 블렌드에
도전하자

가지고 있는 찻잎을 블렌딩하여
취향에 맞는 풍미를 만들어보자.

어렵게만 느껴지던 찻잎을 맛있게 즐기기

시중의 찻잎을 블렌딩하여 취향에 맞는 풍미를 만들어내는 것도 홍차가 주는 즐거움입니다. 저는 친구가 놀러온 것을 계기로 오리지널 블렌드에 눈을 뜨게 되었습니다. '산뜻하면서도 바디감 있는 홍차를 마시고 싶다'는 주문에 아삼과 얼 그레이를 블렌딩했더니 "얼 그레이를 별로 안 좋아했는데 이렇게 마시니 맛있다"며 친구가 만족스러워했습니다. 오리지널 블렌드를 만들 때는 찻잎의 배합 비율뿐만 아니라 마시고 싶은 상황을 상상해 보거나 블렌드의 이름을 붙이는 것도 중요합니다.

Point

나만의 오리지널 블렌드를 만드는 방법

- 아침 식후나 애프터눈 티처럼 마시고 싶은 상황을 떠올린다.
- 스트레이트 티나 밀크티 등 홍차의 스타일을 정한다.
- 스타일에 어울리는 베이스 찻잎을 결정한다.
- 베이스 찻잎과 다른 찻잎(2~3종류)의 배합 비율을 확실하게 정해 놓는다.
- 오리지널 블렌드에 자신이 생각한 이름을 붙여준다.

오리지널
블렌드 예시

스타일과 상황을 떠올리면서
블렌딩해 보자.

산뜻한 느낌의 밀크티

블렌드 이름 : 여름휴가에 즐기는 모닝 밀크티

● 마시고 싶은 상황 : 상쾌한 여름날 아침에 혼자서 여유롭게

● 스타일 : 밀크티   ● 베이스 찻잎 : 아삼

《배합 비율》

아삼 50%	얼 그레이 30%	케냐 20%
밀크티에 딱 맞는 베이스가 되어 줄 찻잎.	베르가모트 향으로 산뜻함을 더한다.	우유 속에서도 화려하고 밝은 수색을 위해 넣는다.

티 푸드와 함께 즐기는 블렌드

블렌드 이름 : 수다스러운 오후

● 마시고 싶은 상황 : 휴일 오후에 과자를 놓고 친구들과 둘러앉아 즐기는 티타임

● 스타일 : 스트레이트 티 & 밀크티   ● 베이스 찻잎 : 딤불라

《배합 비율》

딤불라 50%	다르질링 30%	우바 20%
표준적인 찻잎으로 베이스를 만든다.	산뜻하면서 싱그러운 향과 화려함을 더한다.	상쾌한 향기와 떫은맛으로 풍미를 더욱 높인다.

오리지널
블렌드 예시

온화한 기분으로 만드는 어른의 맛

블렌드 이름 : 기념일 블렌드

- 마시고 싶은 상황 : 기념일에 부부 또는 연인과 함께 느긋하게
- 스타일 : 스트레이트 티   ● 베이스 찻잎 : 닐기리

《배합 비율》

닐기리 50%	다르질링 30%	기문 20%
개성이 강하지 않은 풍미의 찻잎으로 베이스를 만든다.	산뜻하면서 싱그러운 향과 화려함을 더한다.	떫은맛이 적어 차분한 풍미를 더욱 높여준다.

가을날에 즐기는 은은한 향기

블렌드 이름 : 느긋하게 즐기는 독서

- 마시고 싶은 상황 : 책을 읽으며 한가로이 보내는 가을날
- 스타일 : 스트레이트 티 & 밀크티   ● 베이스 찻잎 : 누와라엘리야

《배합 비율》

누와라엘리야 50%	케냐 30%	딤불라 20%
부드러운 향미의 홍차로 베이스를 만든다.	바디감 있는 풍미와 밝은 수색의 느낌을 더해 준다.	향미의 균형이 뛰어난 찻잎으로 맛을 깔끔하게 정돈해 준다

이국적인 향기로 마음까지 훈훈해지는 분위기

오리지널 크리스마스 차 만들기

매년 크리스마스 시즌이 되면 '크리스마스 차'라는 이름의 스파이시한 블렌드가 차 전문점 앞을 장식한다. 찻잎에 향신료나 허브, 과일 껍질 등을 블렌딩하여 몸을 따끈따끈하게 데워주는 블렌드 차이다.

• 재료

잎차
실론, 아삼, 케냐, 얼 그레이 등 취향에 맞춘다.

딤불라　　아삼　　케냐　　얼 그레이

허브
로즈 레드 페탈, 로즈힙, 히비스커스 등

건과일
오렌지 필, 레몬 필, 애플 칩 등

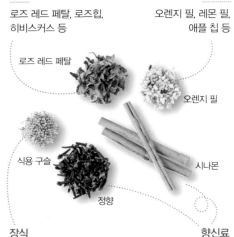

로즈 레드 페탈

오렌지 필

식용 구슬

시나몬

정향

장식
식용 구슬
(색을 섞으면 훨씬 예쁘다)

향신료
말린 생강, 시나몬, 정향, 블랙페퍼 등

• 만드는 법

1. 사용할 찻잎을 정한다. 한 종류여도 좋고 여러 종류를 블렌딩해도 좋다.
2. 함께 넣을 향신료, 허브, 건과일을 정한다. 최소 3종류는 넣어준다.
3. 찻잎과 향신료, 허브, 건과일의 분량을 계량한다. 찻잎이 3이면 향신료, 허브, 건과일은 합쳐서 1의 비율로, 티스푼으로 계량할 때는 찻잎 3술에 나머지를 합쳐서 1술이 기준이다.
4. 잘 섞어서 밀폐 용기에 넣어 보관한다. 크리스마스 1달 전 즈음에 블렌딩해서 맛의 변화를 즐겨보자.

※ 시나몬 향을 강하게 하고 싶을 때는 시나몬 스틱을 부러뜨려서 넣자.
※ 분말 형식의 향신료는 찻잎과 함께 보관하기에 적절하지 않으니 덩어리로 된 향신료를 사용하는 것이 좋다.

── 서양과자에 관한 에피소드 ⑤ ──
빅토리아 샌드위치

> 빅토리아 여왕에게서 유래한 단순하지만 우아한 케이크로,
> 재료의 배합은 파운드케이크와 동일하다.

간단한 케이크가 빅토리아 여왕을 위로하다

'빅토리아 샌드위치'라는 이름을 들으면 말 그대로 샌드위치를 떠올리기 십상인데 케이크의 이름입니다. '빅토리아 샌드위치 케이크' 또는 '빅토리아 스펀지'라고도 합니다. 스펀지케이크 사이에 잼을 바르고 슈가파우더를 뿌려서 마무리한 이 단순한 케이크는 빅토리아 여왕에게 바쳤다고 해서 이처럼 불립니다. 화려한 장식 하나 없는 케이크가 어떻게 여왕의 이름을 차지하게 된 것일까요?

1861년 빅토리아 여왕의 부군인 앨버트 공이 병으로 세상을 떠나자 빅토리아 여왕은 영국 남부의 와이트섬에 있던 별장인 오즈번하우스에서 은둔에 가까운 생활을 이어 갔습니다. 여왕이 사람들 앞에 모습을 드러내는 경우는 별장에서 파티가 열릴 때뿐이었습니다. 이때 여왕을 위하여 준비한 케이크가 빅토리아 샌드위치였습니다. 빅토리아 여왕은 이 케이크에 매우 흡족해했고, 여왕이 남편을 잃은 슬픔에서 벗어나게 도와준 인연으로 이 케이크에는 여왕의 이름이 붙게 되었습니다. 오늘날에도 빅토리아 샌드위치는 적은 재료로 가정에서 손쉽게 만들 수 있는 대표적인 케이크로 많은 영국인들에게 사랑받고 있습니다.

Part

5

홍차에 얽힌
이야기

The story of tea

홍차는 유명한 위인들부터 일반 시민에
이르기까지 많은 이들을 매료시켰고
영국을 중심으로 일어난 여러 사건들의
원인이 되기도 했습니다.

중국에서 탄생한 차가 전 세계로 나아가기까지
홍차 문화의 역사

8세기 ······ 760년   당나라 시대의 문필가 육우가 《다경》을 펴내다
차를 만드는 방법과 다기, 차나무에 관해 기록한 이 책의 등장으로 당나라에서 차를 마시는 풍습이 널리 퍼졌다. 800년 대에는 일본으로도 전해진다.

17세기 ······ 1600년   영국 동인도회사 설립

              1602년   네덜란드 연합 동인도 회사 설립

              1610년   네덜란드 동인도 회사가 나가사키의 히라도에서
일본차를 네덜란드로 보내다
유럽의 여러 나라들이 아시아의 풍부한 문화와 식재료를 구하기 위해 영토 확보에 나서기 시작한 시대이다. 차가 처음으로 유럽에 건너간 것도 이 시기이다.

              1650년경   영국 최초의 커피 하우스가 옥스퍼드에 등장

              1658년   영국에서 최초로 차 광고가 실리다

              1662년   포르투갈 브라간사 가문의 캐서린이
영국의 국왕 찰스 2세와 혼인
유럽의 다른 나라에 비해 다소 늦은 시기에 영국에도 차가 전해진다. 커피 하우스와 영국 왕실이라는 두 곳을 무대로 차가 널리 퍼져나갔다.

18세기 ······ 1706년   '트와이닝'의 전신 '톰의 커피 하우스' 창업

              1707년   고급 식료품점 '포트넘 앤 메이슨' 창업

              1709년   독일의 마이센에서 뵈트거가 도자기 제조에 성공

1717년	트와이닝이 여성들의 출입이 가능한 커피 하우스 '골든 라이언'을 개점
1721년	영국 동인도 회사가 중국에서 들어오는 차 수입을 독점

1721년 상류 계급을 중심으로 차가 알려지면서 지금도 익숙한 유명 홍차 브랜드가 탄생하였고 영국에서 차의 존재감이 점점 높아져 갔다.

1750년경 영국에서 본차이나가 발명되다

1759년 도자기 메이커 '웨지우드' 창업
차와 함께 다기들도 발전하게 된다. 유럽인들에게는 선망의 대상이었던 백자 제조에 성공하자 즉시 유럽 전역으로 도자기 제조가 퍼져 나가고 영국에서도 본차이나가 탄생한다.

1773년 보스턴 차 사건

1775년 미국 독립 전쟁(~1783년)
보스턴 차 사건이 계기가 되어 미국의 독립 전쟁에까지 이른다. 영국의 차에 대한 집착이 만들어낸 사건이었다.

19세기

1823년 영국인 브루스 대령이 인도 아삼 지역에서 야생 차나무를 발견

1837년 빅토리아 여왕 즉위(~1901년)

1839년경 아삼 주식회사 설립

1840년 아편 전쟁(~1842년)

1840년경 베드포드 공작 부인 안나 마리아로부터 애프터눈 티 문화 탄생

1850년 티 클리퍼 시대의 시작(~1870년대)
빅토리아 여왕이 즉위한 후, 영국은 홍차에 대한 정보가 점차 늘어나 바야흐로 홍차 문화가 꽃피는 화려한 시대로 접어든다. 한편에서는 차의 생산지와 운송 등의 문제를 둘러싸고 차와 관련된 많은 사건들이 발생한다. 그중 하나가 바로 아편 전쟁이다. 이 전쟁에서 승리한 영국은 홍콩을 차지한다.

1856년경	인도 다르질링에서 차 재배 시작
1861년경	인도 닐기리에서 차 재배 시작
1866년경	실론에서 홍차 산업 시작
1869년	수에즈 운하 개통

중국 이외의 차 재배가 가능한 곳을 찾기 위해서 안간힘을 쓰던 영국은 중국에서 배운 차 재배와 제다 기술을 토대로 식민지였던 인도에서 차의 생산 가능성을 넓혀갔다. 이 무렵 인도 콜카타에 차 경매 시장도 개설되었다.

1869년	'브룩본드' 창업
1871년	'립턴' 창업
1883년	실론의 콜롬보에 차 경매 시장 개설
1890년	토마스 립턴이 실론의 다원을 매입하여 홍차 업계로 진출

영국은 인도에서 실론(현재의 스리랑카)으로 홍차 재배를 확대한다. 립턴이 홍차 업계로 진출하면서 실론의 홍차 산업은 세계적으로 엄청난 성장을 거둔다.

20세기

1896년	티백의 원형인 티 볼 발명
1904년	미국의 세인트루이스에서 개최된 만국 박람회에서 아이스티가 탄생
1906년	외국산 홍차가 최초로 일본에 수입되다 ('메이지야'가 립턴 수입)
1908년	미국에서 티백이 상품화되다

홍차의 유통이 활발해지면서 새로운 상품들이 나오기 시작했다. 새로운 홍차는 미국에서 주로 만들어졌고, 아이스티와 티백은 이 시기에 탄생했다.

1927년	일본 최초의 포장 브랜드 홍차 '미쓰이 홍차'가 출시
1930년	일본 최초의 티 하우스 '립턴'이 교토에서 오픈
	20세기로 접어들면서 일본에서도 상류 계급과 정치가, 문화인들을 중심으로 차를 마시는 습관이 널리 알려졌다.
1961년	티백 자동 포장 기계가 수입되면서 일본에서 티백 제품의 제조가 시작되다
1971년	일본의 홍차 수입 자유화
1975년	일본에서 처음으로 캔에 든 홍차 음료 출시
	티백 제조가 본격적으로 시작되고, 홍차의 수입이 자유화되면서 홍차는 일반 가정에도 보급된다. 식생활이 서구화되며 티백을 중심으로 수요가 늘어났다.

홍차의 고향, 중국

오늘날 세계 각지에서 즐겨 마시는 홍차의 시작은 녹차로,
그 뿌리는 중국에서 찾을 수 있다.

중국에서도 유럽에서도 차의 시작은 '녹차'

현재 우리가 마시는 적갈색의 산화발효된 풍미의 '홍차'는 18세기 이후에 나타났다고 합니다. 그 이전의 차, 그러니까 유럽(네덜란드)에 처음으로 전해진 차나 17세기 중반 영국으로 건너간 차는 모두 홍차가 아닌 '녹차'였습니다. 지금은 차가 전 세계인이 즐기는 음료가 되어 많은 지역에서 생산되고 있지만 그 뿌리는 중국에서 시작되었습니다.

차의 역사를 논할 때 가장 오래된 일화로 손꼽히는 것이 기원전 2737년, 고대 중국의 전설 속 황제인 '신농'에 관한 이야기입니다. 어느 날 신농이 독에 중독되었는데 찻잎을 먹고 해독을 하여 가까스로 살아났다는 일화입니다. 물론 어디까지나 전설 속의 신비한 이야기일 뿐, 그 사실 여부는 절대적이지 않습니다.

특효약으로 알려진 차 문화

중국 대륙 남서부의 윈난성·쓰촨성 부근을 중심으로 한 넓은 지역은 차나무의 원산지로 유력하게 거론되고 있는 지역입니다. 중국에서는 일찍이 냄비나 솥에 찻잎을 넣고 끓인 물을 음용하였고, 차는 불로장생의 특효약으로 알려지기도 했습니다. 이후 760년 당나라의 문필가 육우가《다경》을 펴냈습니다. 이 책은 차를 만드는 방법과 다기, 그리고 차나무에 관한 내용들이 기록되어 있는 세계에서 가장 오래된 차 전문 서적이기도 합니다. 이 책의 등장으로 차를 마시는 습관이 중국을 넘어

유럽으로까지 전파되었습니다.

일본에 차가 정착한 것은 12세기 후반 무렵

805년 무렵에 사이초와 구카이가 당나라에서 일본으로 차 종자를 들여온 것이 일본에 전해진 최초의 차로 알려져 있습니다. 이후 815년 《일본후기》에는 일본에서 처음으로 차를 마신 내용이 기록되어 있습니다.

　중국에서 건너온 차가 일본에 정착한 것은 12세기 후반부터였습니다. 당시 승려이던 에이사이(혹은 요우사이)가 중국에서 차 종자를 들여와 씨를 뿌리면서 일본에 차가 정착되었다고 합니다. 그 후 에이사이는 일본에서 가장 오래된 차 전문 서적인 《끽다양생기》를 집필하여 쇼군이었던 미나모토노 사네토모에게 바쳤습니다. 차의 효능과 만드는 법을 기록한 이 문헌 덕에 일본에서 차 문화가 확대되는 기반이 다져졌습니다.

유럽의 국가들과 차의 만남

유럽인들은 15세기 중반부터 17세기 중반에 걸친
대항해 시대에 일본을 통해 차와 만나게 되었다.

유럽인과 동양 문화의 만남

중국과 일본이 차에 관해 오랜 세월의 역사를 가지고 있는 데 비하여
유럽에서는 차의 역사가 약 400년 정도로 짧습니다. 하지만 그 짧은 기
간 동안 주변의 많은 나라와 문화에 커다란 영향을 미치면서 발전해 왔
습니다. 13세기 말에 마르코 폴로가《동방견문록》에서 밝힌 중국의 문
화는 동양에 대한 유럽인들의 흥미와 관심을 불러일으켰고, 유럽인들
은 미지의 문화를 찾아서 새로운 세계로 출항하였습니다.

　1492년에는 콜럼버스가 서인도 제도를, 1498년에는 바스코 다 가마
가 인도 항로를 발견하고, 1520년 무렵에는 마젤란이 세계 일주에 성
공하면서 유럽인들은 미지의 땅으로 발을 내딛었습니다. 이후로 유럽
사람들은 아시아에서 나고 자란 다양한 식재료와 그들의 문화를 확보
하기 위해 경쟁을 벌였습니다. 현재 홍차의 산지로 유명한 스리랑카도
포르투갈이 발견한 나라입니다. 당시 포르투갈 사람들은 스리랑카 남
부 지역에서 시나몬을 발견하여 본국에 소개하였습니다.

네덜란드가 가져온 유럽 최초의 차

유럽에 차가 제일 먼저 전해진 곳은 영국이 아니었습니다. 유럽 사람들
이 차에 대한 정보를 처음 기록으로 남긴 것은 베네치아인 라무지오가
쓴《항해와 여행(Delle Navigationi et Viaggi)》이라는 책으로 16세기
중반에 완성되었습니다. 여행가였던 라무지오는 페르시아 상인들에게

지금으로부터 약 400년 전에 처음으로
유럽에 차가 전해졌다. 그 차는 일본의
녹차였다.

전해 들은 차에 관한 정보를 책으로 옮겼는데, 중국에서는 몸의 통증에
효과적인 음료를 마신다는 내용이었다고 합니다.

　이후 실제로 차가 유럽에 도입된 것은 1610년경 네덜란드에 의해서
였습니다. 은의 보유로 높은 경제력을 자랑하던 네덜란드는 1602년 연
합 동인도 회사를 설립했습니다. 이 회사는 아시아 곳곳에 무역의 거점
으로 상관(商館)을 설치하였고 그중 하나가 나가사키의 히라도에 위치
하고 있었습니다. 1610년 네덜란드인들은 히라도에서 녹차를 수매하
여 본국으로 가져갔는데 이것이 유럽에 처음으로 소개된 차였습니다.
그러나 당시에는 가격이 너무 비싸서 귀족 중에서도 일부의 사람들만
이 마실 수 있었다고 합니다.

The story
of tea

영국으로 건너간 차

1650년대에 영국으로 차가 전해지며
차는 몸에 좋은 건강 음료로 소개되었다.

차를 선보였던 커피 하우스

영국은 다른 나라들보다 동양으로의 진출에 시기적으로 뒤쳐져 있었습니다. 1600년에 설립된 영국 동인도 회사는 네덜란드보다 4년 늦은 1613년에 나가사키 히라도에 상관을 설치하지만 이내 철수해 버렸습니다. 이후 1644년, 중국 푸젠성의 아모이에 교역의 거점을 마련하였고 영국인들은 비로소 차 문화를 접하게 됩니다.

영국에서 차가 일반 시민들 앞에 모습을 드러낸 것은 1600년대 중반이라고 알려져 있습니다. 당시 영국에는 '커피 하우스'라고 불리던 가게들이 차례로 문을 열었는데 차는 커피, 초콜릿과 더불어 외국에서 건너온 음료라고 소개되었습니다. 누구나 자유롭게 들어갈 수 있었던 커피 하우스는 신문과 잡지를 편하게 읽으며 새로운 사업과 사상, 저널리즘을 탄생시킨 장소로도 크게 번창해 나갔습니다.

영국 최초의 커피 하우스는 1650년 옥스퍼드에 유대인 야곱이 자신의 이름을 붙여 개업한 가게였습니다. 그로부터 2년 뒤에는 터키인이 런던 시내에 커피 하우스를 오픈하고, 뒤이어 커피 하우스들이 계속 늘어나면서 1683년에는 약 3천개가 런던에서 성업을 하게 되었습니다.

차의 효용이 포스터와 광고에 소개되다

1657년 개점한 커피 하우스 '개러웨이'는 차의 효용을 열거한 포스터를 가게 안에 붙여두었던 것으로 유명합니다. 포스터에서는 차가 몸에

좋은 음료임을 30가지 항목에 걸쳐 소개하며 차를 만병에 효과적인 음
료로 판매했습니다. 이듬해인 1658년에는 영국 최초로 차 광고가 〈메
르쿠리우스 폴리티쿠스(Mercurius Politicus)〉지에 실렸는데 이 역시 차
의 효용에 대해 설명하고 있었습니다. 광고주는 '술탄 여왕의 머리'라
는 이름의 커피 하우스로, '모든 의사가 인정하고 있는 중국의 대단한
음료인 차를 판매하고 있다'는 내용의 광고였습니다.

　이처럼 차는 중국에서 건너온 몸에 좋은 음료로 사람들에게 인식되
기 시작했고, 이와 동시에 영국 왕실에도 차 문화가 도래하면서 바야흐
로 영국은 홍차의 나라로 변모하게 되었습니다.

홍차를 사랑한 여인들 ① **캐서린 왕비**

영국 왕실에서 차를 처음으로 유행시킨 사람은
포르투갈에서 시집온 캐서린 왕비였다.

결혼과 함께 차 문화를 도입한 캐서린 왕비

캐서린 왕비는 영국에서 최초로 차를 마신 여왕으로 알려진 인물입니다. 그녀는 포르투갈 왕가인 브라간사 가(家)의 출신이었습니다. 16세기에 다른 나라보다 한발 앞서 부강한 국가를 이루었던 포르투갈은 17세기부터 국력이 쇠퇴하기 시작하자 나라의 재건을 도모하기 위해 정략결혼을 계획합니다. 이에 1662년, 캐서린은 영국의 찰스 2세(재위 기간 1660~1685년)에게 시집을 오게 됩니다.

이때 캐서린이 지참했던 것 중 하나가 '차'였습니다. 그밖에도 다구들과 많은 양의 설탕을 배에 싣고 영국으로 건너갔는데 인도의 봄베이(현재의 뭄바이)와 북아프리카 탕헤르 지역의 소유권도 혼수품으로 영국 왕실에 전달되었습니다. 포르투갈에서 보낸 대량의 설탕에는 숨겨진 사정이 있습니다. 사실 영국 왕실에서는 은을 요구했으나 약해진 국력 탓에 포르투갈은 약속했던 은을 준비하지 못하고 대신 설탕을 지참하게 된 것입니다.

당시 설탕은 은과 동등한 가치를 가진 귀중품이었습니다. 유럽에 아직 설탕이 보급되지 않았던 그 시절, 이미 포르투갈은 브라질에서 설탕 재배에 성공한 상황이었습니다. 이러한 사정으로 설탕이 영국 왕실로 전해진 것 또한 차 문화의 발전과 깊이 연관되어 있다고 볼 수 있습니다.

포르투갈에서 영국 왕실로 시집온
캐서린 왕비는 차 마시는 습관을 널리 알렸다.

귀부인들을 매료시킨 궁정 안의 차 습관

캐서린 왕비는 포르투갈에서 즐기던 차 마시는 풍습을 궁정 안에 널리 퍼트립니다. 특히 캐서린 왕비가 지참했던 도자기로 차를 음미하는 시간은 곧바로 궁정 안 귀부인들을 매료시켰습니다. 같은 시기 찰스 2세를 보좌하던 정치가 네덜란드에서 대량의 차를 들여온 것도 영국 귀족들 사이에 차 마시는 습관을 전파하는 계기가 되었습니다.

　그 시절 마시던 차의 향과 맛은 어떠했을지 한 번 상상해 봅시다. 최초로 영국 왕실에 건너간 차는 요즘과 같이 산화발효를 거친 홍차가 아닌 중국산 녹차였다고 합니다. 녹차에 설탕을 넣은 풍미를 상상하며 그 당시를 떠올려보는 것도 재미있을 듯 싶습니다.

홍차를 사랑한 여인들 ② 메리 여왕과 앤 여왕

캐서린 왕비에 이어 메리 여왕과 앤 여왕의 영향으로
차를 마시는 문화가 상류 계급에게 널리 전파되었다.

시누아즈리 애호가, 메리 여왕

찰스 2세의 사망 후, 왕위를 이어받은 것은 남동생인 제임스 2세였습
니다. 그는 대단히 독실한 가톨릭교도였기 때문에 가톨릭교의 부활
을 반대하던 의회와는 그다지 사이가 좋지 않았습니다. 여기에 제임스
2세에게 왕자가 태어나자 그 관계는 더욱 악화되었습니다. 결국 의회
는 제임스 2세의 장녀인 메리 2세와 네덜란드 총독 오렌지공 윌리엄부
부를 영국으로 맞이하여 공동 국왕으로 추대하기로 결의합니다. 제임
스 2세는 프랑스로 피신해 있었기 때문에 윌리엄과 메리 2세는 큰 저
항 없이 왕위에 오릅니다. 이 사건은 유혈 사태 없이 마무리되었다고
해서 '명예혁명'이라고 불립니다.

　여왕으로 등극한 메리는 네덜란드에서의 생활로 이미 차 마시는 습
관에 익숙해져 있었고 이와 함께 동양의 자기들을 수집하면서 '시누아
즈리(Chinoiserie, 17세기의 후반부터 18세기 말까지 유럽의 후기 바로크·
로코코 양식의 미술에 가미된 중국풍의 공예품)'에 심취해 있었습니다. 일
상생활 속에 도자기와 차를 비롯한 동양의 문화를 향유하는 것은 당시
상류 계급 사이에서는 신분의 상징과도 같았습니다.

차에 대한 사랑을 양식으로 남긴 여인, 앤 여왕

공동 통치의 시대가 끝나고 왕위를 이어받은 사람은 메리의 여동생인
앤 여왕이었습니다. 앤 여왕 역시 시누아즈리 애호가로 '차이나'로 불

리던 중국의 도자기와 '재팬'이라는 일본 칠기에 심취한 나머지 서양배 모양의 은 티포트를 제작하여 애용하였습니다. 이 포트는 '앤 여왕 양식'이라는 이름으로 오늘날에도 전해집니다.

포르투갈에서 시집온 캐서린 왕비, 네덜란드 문화에 익숙했던 메리 2세, 그리고 앤 여왕까지 3대에 걸친 차를 사랑한 여성들의 시대는 50년이 넘도록 지속되었습니다. 이 사이 영국 궁정뿐 아니라 귀족과 고위 관료들 사이에서도 차를 마시는 문화가 널리 퍼져나갔습니다.

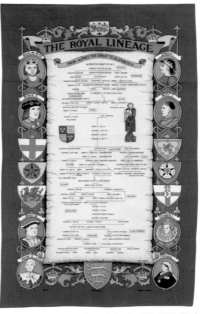

영국의 왕위 계승도가 그려진 티 타월. 영국 왕실의 변천을 확인할 수 있다.

최초의 티 숍 '골든 라이언'의 등장

이 무렵에는 런던 시내의 식료품점에서도 차를 판매하는 가게가 등장하였습니다. 1706년에는 트와이닝이 '톰스 커피 하우스'를 열었고 1717년에는 영국 최초의 홍차 전문점인 '골든 라이언'이 문을 열었습니다. 이 가게는 이전의 커피 하우스와는 달리 여성도 출입할 수 있었습니다. 하지만 당시 차는 너무나도 고가여서 여전히 상류 계급 사람들만이 즐길 수 있는 귀한 음료라는 인식이 있었습니다.

홍차로 시작된 사건들 ① **동인도 회사의 번영**

영국을 비롯하여 여러 유럽국가에서 설립한 동인도 회사는
무역 회사로서 차 보급에 큰 역할을 담당했다.

동인도 회사의 탄생 이유와 역사적 배경

역사 교과서 속에서 빈번하게 등장하는 '동인도 회사'. 여기서 말하는 '인도'는 나라 이름이 아니라 아시아 전반을 가리키는 말입니다. 유럽의 각국에 설립된 동인도 회사는 신항로를 개척한 유럽인들이 아시아의 특산물 교역을 위해 설립한 무역 회사로 특히 유럽 각국으로의 차보급에 큰 역할을 담당하였습니다.

1600년 12월 31일, 영국에서는 런던의 상인들이 엘리자베스 1세에게 청원하던 '영국 동인도 회사'의 설립 허가가 마침내 떨어집니다. 엘리자베스 1세의 칙령으로 설립된 이 회사는 여왕의 특허장에 따라서 무역과 산업의 독점이 보장되어 있었습니다. 이에 자극을 받은 네덜란드는 1602년 '네덜란드 동인도 회사'를 설립합니다. 당시 네덜란드에는 아시아와 무역을 하는 회사들이 크게 증가하였는데, 경쟁이 과열되어 줄도산할 것을 우려하던 정치가들이 각 회사의 통합을 제안하며 '네덜란드 동인도 회사'가 만들어지게 된 것입니다.

영국 동인도 회사의 세력 확대와 번영

네덜란드 동인도 회사는 자바섬에 총독부를 설치하고 아시아 무역에 적극적으로 뛰어들었습니다. 나아가 일본의 나가사키 히라도에서 녹차를 대량으로 수매하여 처음으로 유럽에 차를 알리기에 이릅니다. 한편 영국의 동인도 회사는 설립 당시에는 네덜란드와 직접 경쟁하기 어려

영국의 동인도 회사는 영국 내의 차를 독점했고
차 수입량의 증가와 더불어 막대한 이익을 올렸다.

운 상황이라 인도에 거점을 두게 됩니다. 그러나 네덜란드가 거듭되는
전쟁 패배로 국력이 점차 쇠퇴하자 17세기 후반부터는 영국 동인도 회
사로 힘이 실리면서 전세가 역전되었습니다.

인도에서 차 재배가 이루어지기 전까지 영국이 중국에서 수입한 차
는 모두 영국 동인도 회사의 독점 무역으로 거래되었고 이는 회사에
막대한 이윤을 창출하였습니다. 그러나 시대의 흐름에 따라 무역도 자
유 경쟁 시대로 접어들면서 영국 동인도 회사는 1870년대에 완전히
자취를 감추어버렸습니다.

The story
of tea

홍차로 시작된 사건들 ② 보스턴 차 사건

후날 미국의 독립 전쟁으로 이어지는 이 엄청난 사건은
차와 밀접하게 연관되어 있다.

영국의 높은 세금에 허덕이던 미국의 반영(反英) 운동

1773년에 보스턴에서 차를 두고 발생한 '보스턴 차 사건'은 1775년 발발한 미국 독립 전쟁의 도화선이 된, 역사적으로 매우 중요한 사건입니다. 당시 프랑스령이었던 북아메리카를 차지하기 위해 벌인 7년 전쟁의 영향으로 영국은 재정난에 시달리고 있었습니다. 그 시절 영국의 국왕인 조지 3세는 이러한 어려움에서 벗어나고자 설탕법과 인지법(신문을 비롯한 인쇄물에 인지를 첨부할 것을 규정한 법 – 옮긴이 주)을 시행하였습니다.

　과도한 세금에 허덕이던 식민지 미국의 시민들은 반대 의사를 나타내며 영국의 수입품을 거부하는 불매 운동을 펼쳤습니다. 당시 영국이 산지에서 수입한 차는 다시 미국으로 수출되고 있었는데 그러한 반영 운동으로 영국은 수출처를 잃고 말았습니다. 고조되던 반영 운동은 차 금지 운동으로까지 이어졌습니다. 사람들은 차를 대신해 다른 음료를 마셨으며 일부 지역에서는 반영 운동 단체의 허가서가 없으면 차를 구입할 수 없도록 하는 등 영국에서 들여온 차를 강하게 거부하였습니다.

보스턴 만에 대량의 차를 던져버린 날

그리고 1773년 12월 16일, 이러한 움직임은 엄청난 사건으로 발전합니다. 차를 한가득 실은 배가 보스턴 항에 입항하지만 보스턴 시민들이 차만큼은 내리지 않겠다고 거부한 것입니다. 그럼에도 보스턴 총독이

역사 교과서에서도 거의 매번 등장하는 '보스턴 차 사건'.
차의 관점에서 봐도 아주 중요한 사건이다.

하역을 강행하자, 반대하던 시민 수십 명이 얼굴과 몸에 검은 칠을 하고 원주민으로 변장해서 배를 습격하였습니다.

배에 가득 실린 차 상자는 시민들의 손에 모두 보스턴만으로 내던져졌습니다. 이 사건은 보스턴만이 마치 대량의 차로 가득 찬 티 포트 같았다고 해서 '보스턴 티파티'라고 불리기도 했습니다. 이와 비슷한 사건은 보스턴뿐 아니라 다른 항구에서도 연이어 일어났고 몇 년 후에 미국의 독립 운동으로까지 발전하게 되었습니다. '영국은 동인도 회사를 구하고자 미국을 잃었다'고 평가받는 이 역사적인 대사건은 차와 밀접하게 연관되어 있었습니다.

The story
of tea

홍차로 시작된 사건들 ③ **아편 전쟁**

국내 차 소비량이 증가하고, 은의 유출이 늘어나자
영국은 1840년 청나라와의 아편 전쟁을 일으킨다.

영국이 꾀한 영·중·인의 삼각 무역

19세기부터 영국 국내에서는 차의 소비가 나날이 확대되었습니다. 청나라(당시 중국)에서 차를 수입하는 비용이 늘어나자 은의 유출이 지나치게 많다는 비판의 목소리가 높아졌습니다. 은의 유출을 막기 위해 영국은 식민지인 인도에서 재배한 아편을 밀수하기 시작합니다.

한편 영국이 인도에서 수입하던 면직물은 산업 혁명의 영향으로 완전하게 영국의 산업으로 편입된 상태였습니다. 영국은 이러한 배경들을 이용하여 인도를 포함한 삼각 무역으로 청나라로 들어가는 은의 유출 문제를 해결하려 했습니다. 즉, 영국은 인도로 면 제품을 수출하고, 인도산 아편은 청나라로 수출되고, 청나라의 차는 영국으로 수출되는 삼각 무역을 성립시키고자 한 것입니다.

영국의 입맛에 맞게 짜인 이 무역 관계는 청나라에 상당한 재정 혼란을 초래했습니다. 게다가 마약의 일종인 아편으로 인해 국민 건강의 피해도 극심해지자 청나라는 아편 수입을 금지시킵니다. 그럼에도 계속해서 아편이 밀수되자 청나라는 영국에 대한 항의로 아편을 모두 압수해 불태워버립니다. 여기에 반발한 영국이 군대를 보내면서 청나라와의 사이에서 벌어지게 된 사건이 1840년에 발발한 아편 전쟁입니다.

아편 전쟁에서 승리한 영국의 전리품

1842년까지 이어진 아편 전쟁은 영국의 승리로 막을 내렸습니다. 이때

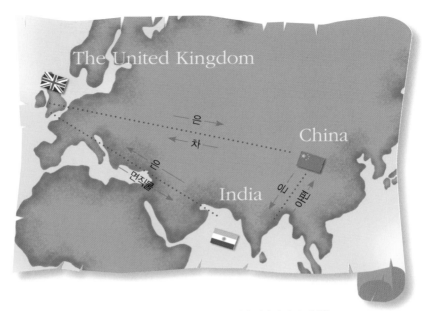

아편 전쟁을 유발한 삼각 무역. 이후 2년이나 이어진 아편 전쟁은
영국의 차에 대한 수요가 일으킨 사건이었다.

체결된 난징조약으로 홍콩은 일정 기간 동안 영국령으로 할양되었습니
다. 그리고 청나라는 불태워진 아편과 군사 비용 등의 손해를 모두 배
상하게 되었습니다. 이처럼 영국은 큰 전쟁까지 일으킬 정도로 중국에
서 수입하는 차에 집착하였습니다.

하지만 이와 동시에 인도에서 홍차 재배가 성공하자 영국의 관심은
얄궂게도 인도와 스리랑카 같은 다른 아시아 지역들로 옮겨 갔습니다.
영국인들은 식민지인 인도와 스리랑카를 중심으로 더 취향에 맞는 홍
차를 재배해 나갔습니다.

빅토리아 시대, 홍차 문화의 개화

빅토리아 여왕이 재위하던 64년 동안 영국의 홍차 문화는
화려하게 꽃을 피웠다.

세계의 공장으로 변신한 영국, 더욱 화려한 개화의 시대로

18세기 후반부터 19세기에 걸쳐 일어난 산업 혁명으로 영국은 '세계의
공장'으로 거듭나게 됩니다. 이러한 분위기 속에서 자금의 흐름 역시
활발해지면서 19세기부터 영국은 '세계의 은행'으로도 자리매김하게
되었습니다.

경제 발전의 신호탄이 된 것은 1851년에 런던 하이드파크에서 개최
한 '제1회 세계 만국 박람회'였습니다. 영국 빅토리아 여왕의 부군인 앨
버트 공이 많은 노력을 기울여 이 성대한 행사를 계기로, 영국 국민 소
득은 배로 증가하였고 일상생활 전반에서 풍족한 삶을 누릴 수 있게 되
었습니다.

비슷한 시기에 영국은 식민지에서의 홍차 재배에도 본격적으로 돌입합니다. 차 생산지를 중국에서 인도와 스리랑카로 옮기며 자신들이 선호하는 풍미의 홍차를 생산하는 데 노력을 아끼지 않았습니다. 이로 인해 인도와 스리랑카에서의 홍차 생산량은 점점 늘어났고, 홍차 공급이 증가하자 홍차의 가격이 낮아지며 영국 국내에서의 홍차 소비량이 더욱 확대되었습니다.

안나 마리아 공작 부인이 탄생시킨 애프터눈 티

빅토리아 시대의 홍차 문화를 이야기할 때 반드시 언급해야 하는 것 중 하나는 '애프터눈 티' 문화의 탄생으로, 1840년대 베드포드 공작 부인인 안나 마리아가 고안해 냈습니다. 당시 귀족들의 저녁 식사 시간은 오후 8시 즈음으로 점심시간과의 사이가 상당히 길었습니다. 그래서 해질녘이면 허기를 느끼고 기운도 처지다 보니 하인에게 홍차와 버터를 바른 빵을 가져오게 하였습니다. 저녁 무렵의 이 짧은 순간을 매우 좋아했던 안나 마리아는 자신의 저택에서 차 모임을 가져야겠다고 생

빅토리아 시대에 꽃피어난 애프터눈 티 문화. 귀족들 사이에 사교의 장으로 자리매김했다.

각했습니다. 귀부인들이 함께 모여 오후 잠깐의 시간 동안 차를 마시며 즐겁게 대화를 나누는 사교를 위한 티타임이 탄생한 것입니다.

유명 홍차 회사의 창업으로 누구나 홍차를 즐기는 시대로

빅토리아 시대에는 지금도 세계적으로 유명한 여러 홍차 회사가 문을 열었습니다. 1836년 '리즈웨이'가 런던 시내에서, 1869년에는 아서 브룩이 '브룩본드'라는 이름으로 홍차 가게를 맨체스터에 개업합니다. 그리고 토마스 립턴이 1871년 글래스고에 처음으로 가게를 오픈합니다. 이때는 아직 홍차를 취급하지 않았지만 립턴은 1890년 실론으로 건너가 다원 경영에 착수하게 됩니다.

　수많은 홍차 회사가 생겨나면서 홍차의 유통이 활발해지고, 일반 시민들도 홍차를 즐길 수 있게 되었습니다. 그리고 애프터눈 티도 점차 많은 사람들에게 퍼져나갔습니다. 1850년대에는 그다지 많지 않았던 홍차 회사가 점차 증가하면서 1890년대에는 홍차를 마시는 인구와 1인당 소비량이 모두 늘어나 수요와 공급이 동시에 확대되었습니다.

　당시 영국에서 금주를 장려하면서 홍차는 술을 대신하는 음료로 일상

찻잎을 우리는 동안 사용하는 모래시계는 홍차가 걸어온 수많은 역사의 발자취를 보여준다.

콧수염을 적시지 않고 홍차를
마실 수 있도록 만들어진 찻잔.
빅토리아 시대에 발명되었다.

생활에서 빼놓을 수 없는 존재가 되었습니다. 이 무렵 여러 공원에서 홍차를 즐길 수 있는 티가든이 생겨나면서 밖에서도 홍차를 즐길 수 있게 되었습니다. 이처럼 19세기 말에 영국의 홍차 문화가 자리를 잡으면서 홍차는 영국인들에게 '국민 음료'라는 부동의 지위를 차지하게 됩니다.

빅토리아 여왕이 시작하여 지금도 전해 내려오는 멋진 습관

19세기 중반에 요리의 기본과 레시피 가사에 관한 한 교과서와도 같은 《비튼 부인의 가정서(Mrs. Beeton's Book of Household Management)》가 출간되자 영국 전역에서 화제가 되었습니다. 이 책은 가정에서 홍차 우리는 방법을 소개하는 최초의 책이었습니다.

이처럼 홍차 문화가 꽃피는 속에서 빅토리아 여왕은 일국의 군주이면서 누군가의 부인이자 엄마의 역할에 충실했습니다. 가족과 보내는 시간을 소중하게 여겼고, 그러한 생활상을 국민들에게 적극적으로 보여주고자 했던 최초의 인물입니다. 지금은 당연하게 받아들여지는 관습들 중에는 빅토리아 여왕으로부터 시작된 것들이 많은데 대표적인 것이 웨딩드레스입니다. '순결'을 상징하는 하얀 웨딩드레스는 빅토리아 여왕이 입기 시작하면서부터 눈 깜짝할 사이에 영국 전역으로 그리고 세계 각국으로 퍼져나갔습니다.

티 클리퍼 시대와 인도·실론 티의 보급

수송 항로가 급변하던 19세기 중반, 홍차 제조 또한
인도와 실론을 중심으로 급속도로 확대된다.

쾌속 범선으로 시작된 찻잎 수송의 속도 경쟁

끝없는 영화를 누릴 것 같았던 영국 동인도 회사지만 19세기 초부터는 아시아 무역 독점이 폐지됩니다. 그러나 중국과의 차 무역만큼은 이후로도 20년이 연장되어 최종적으로는 1833년에 그 막을 내렸습니다. 1849년 항해 조례가 폐지되자 홍차 무역의 자유 경쟁에 박차가 가해집니다. 미국에서는 차의 수송 속도를 높이기 위해서 쾌속 범선인 클리퍼를 개발했습니다. 그 결과 오리엔탈호가 첫 항해에서 홍콩과 뉴욕 사이를 출항한 지 100일이 채 안 되어 도달하는 기록을 세웁니다.

빠른 수송 속도에 자극 받은 홍콩 주재 영국인들은 1850년, 곧바로 이 배와 전세 계약을 맺고 중국에서 런던으로 차를 보냅니다. 빠르게 운송된 차가 훨씬 높은 가격으로 팔리자 영국인들은 미국의 배로 차를 운반하기 시작했고 영국의 조선업은 불황을 맞이했습니다.

이러한 상황을 타개하고자 영국에서도 쾌속 범선 조선에 힘을 씁니다. 이때 만들어진 범선은 중국에서 런던으로 차를 싣고 쾌속 질주를 이어갔습니다. 중국에서 채취한 햇차는 예상을 뛰어넘는 빠른 속도로 런던에 도착했고 훨씬 더 높은 가격에 팔려나갔습니다. 이 열기는 날이 갈수록 고조되어 머지않아 속도를 다투는 '티 레이스'로 변모하였습니다. 이 경주는 흥미진진한 도박의 대상으로 바뀌면서 상금까지 걸리게 됩니다.

홍차 운반의 속도 경쟁이 홍차의 수요 확대에 크게 기여했다. 이처럼 범선이 그려진 티 타월도 제작되었다.

수송 레이스의 융성과 수에즈 운하의 개통

1860년대에 들어서자 영국 전체가 티 레이스에 열중합니다. 그중에서 유명한 경주가 1866년에 있었던 '위대한 티 레이스'입니다. 다섯 척의 클리퍼가 중국 푸저우를 일제히 출발하여 런던으로 향했고 그중 애리얼호는 99일 만에 런던에 도착하며 1위를 차지했는데, 2위인 태핑호와의 격차가 10분밖에 나지 않았습니다.

하지만 1869년 수에즈 운하가 개통되자 범선에서 증기선의 시대로 옮겨가게 됩니다. 증기선으로 바뀐 가장 큰 이유는 증기선만이 수에즈 운하를 통행할 수 있었기 때문입니다. 운하의 폭이 좁아서 돛을 올리는 범선의 경우 바람에 좌우로 흔들려서 사고의 가능성이 있었고, 바람이 불지 않을 때는 범선이 멈춰서서 운하의 통행이 불가능해지는 문제 등으로 출입할 수가 없었습니다.

1869년 영국에서는 유명한 쾌속 범선인 커티삭호가 최신식의 홍차 수송용 쾌속 범선으로 수에즈 운하 개통 6일 후에 운항을 시작했습니

다. 그러나 오래가지 못하고 1878년을 마지막으로 홍차 수송에서 철수
했습니다. 이처럼 햇차 수송의 속도를 다투던 티 레이스의 시대는 서서
히 역사의 뒤안길로 사라져갔습니다.

인도, 실론에서 홍차 재배의 확대

식민지 개발에 적극적으로 나섰던 영국에게 홍차 재배의 확대는 중요
한 과제였습니다. 1823년 브루스 대령은 인도 아삼 지방에서 자생하는
차나무를 발견합니다. 지금까지의 중국종과는 다른 아삼종의 차나무였
습니다. 이것이 계기가 되어 아삼 지방에서 차나무의 재배가 점차 확대
되었고 아삼에 홍차 생산 회사인 '아삼주식회사'가 설립됩니다. 대규모
플랜테이션을 활용한 재배와 기계를 이용한 홍차 제조가 이루어지면서
인도에서의 홍차 재배는 급속도로 성장합니다.

한편 영국의 식민지였던 실
론에서는 영국인 지배층을 중심
으로 시작한 커피 재배가 성공
을 거두게 됩니다. 그러나 커피
나무가 말라 죽는 녹병이 유행
하면서 커피 재배는 쇠퇴의 길
을 걸었고, 이를 대신해 홍차 재
배가 전개되었습니다. 이때 스
코틀랜드인 제임스 테일러가 실
론에서 최초의 제다 공장을 세
워 홍차 재배의 기초를 다지며
'실론 홍차의 아버지'로 칭송받
았습니다.

'다원에서 직접 티포트로' 립턴의 홍차 비즈니스

실론 홍차의 발전에 전력을 다했던 또 한 명의 인물은 립턴 홍차의 창시자인 토마스 립턴이었습니다. 그는 1850년 스코틀랜드의 글래스고에서 태어났습니다. 어린 시절부터 번뜩이는 아이디어의 소유자였던 그는 10대 시절에 미국으로 건너가 현장에서 일하면서 비즈니스를 몸소 익혔습니다.

그리고 1871년, 식료품점인 '립턴 마켓'을 글래스고에 개업했지만 처음에는 홍차를 취급하지 않았습니다. 당시는 홍차 성장의 전성기인 빅토리아 시대였기에 립턴 마켓에도 홍차 판매에 관한 여러 제안이 있었습니다. 하지만 안정된 품질의 홍차를 소비자들에게 싼 값으로 제공하고 싶었던 립턴은 제안을 받아들이지 않았습니다.

이후 1890년, 호주로 떠난 선박 여행 중에 잠시 들른 실론에서 립턴은 홍차의 세계로 큰 발걸음을 내딛었습니다. 우바 지역의 다원을 매입해 홍차 재배에 착수하였고, 차나무의 재배부터 생산, 판매에 이르기까지 모든 과정을 일괄 관리하면서 안정된 품질의 홍차를 적정 가격으로 소비자들에게 제공할 수 있는 길을 열었습니다. 심지어 수년에 불과한 짧은 기간 동안 이 모든 것을 실현하면서 립턴은 1895년에 빅토리아 여왕으로부터 영국 왕실에 차를 납품하는 영예를 얻었고, 1902년에는 경의 칭호를 수여받았습니다. '다원에서 직접 티포트로'라는 슬로건을 신조로 한 립턴의 홍차 비즈니스는 세계적으로 성장하여 홍차 문화의 발전을 견인하였습니다.

티컵 이야기

The story
of tea

중국을 동경하던 유럽인들은 18세기에 이르러 본차이나를 제작했고,
이후 도자기는 홍차 문화와 함께 성장해 왔다.

유럽이 동경하던 얇고 섬세한 자기

12세기에 아라비아 상인이 유럽으로 자기를 전한 것이 유럽인과 자기
의 첫 만남으로 알려져 있습니다. 그전까지 유럽에서는 두툼하고 무거
운 도기가 주류였기 때문에 얇고 새하얀 아름다운 빛을 띠는 자기는 많
은 사람들을 매료시켰습니다. 하지만 유럽 사람들이 자기 제조 기술을
본격적으로 익힌 것은 이로부터 한참 후의 일이었습니다.

16세기 말에는 이탈리아에서 점토 속에 유리를 섞은 그릇이 만들어
졌습니다. 이것이 바로 유럽 자기 제조의 원조인 '메디치 자기'입니다.
이를 계기로 17세기부터는 유럽 각지에서 새로운 자기 제조가 활발하
게 이루어졌고 이탈리아의 마졸리카 기법, 네덜란드의 델프트 기법이
탄생하게 됩니다. 그러나 동양의 얇고 섬세한 자기에는 아직 한참 미치
지 못하는 수준이었습니다.

자기 제조의 성공과 유럽 대륙으로의 파급

동양의 다양한 특산물들 속에서도 중국의 얇고 하얀 자기는 유럽 사람
들에게 동경의 대상이어서 어떻게 하면 이를 만들 수 있을지 유럽 사람
들은 조바심을 내었습니다. 독일의 작센 선제후 프리드리히 아우구스
트 2세도 그중 한 명이었습니다. 그는 연금술사인 요한 프리드리히 뵈
트거에게 자기 제조법을 발명하도록 명합니다. 여러 연구를 거듭한 결
과 뵈트거는 산 속에서 도자기의 원료인 카올린(kaolin)이라는 점토를

헤렌드
'빅토리아'

영국 기념품 가게에서
판매하던 티포트

1899년 영국제
앤티크 컵

스포드
'블루 이탈리안'

존슨브라더스

유럽이 발명한 자기 제조 기술 덕분에 선명한 색상과
다채로운 도자기 문화가 널리 퍼져나갔다.

발견하였고 이것을 이용하여 유럽 최초로 진정한 자기 제조에 성공을 거둡니다. 이것이 1709년의 일인데 아우구스트 2세의 명령을 받고서 수년의 세월을 바친 후였습니다.

아우구스트 2세는 이듬해인 1710년, 마이센이라는 마을에 있는 알브레히츠부르크 성 안에 국립 마이센자기제조소를 개설하고 1864년까지 이곳에서 마이센 자기를 만들어 냈습니다. 아우구스트 2세는 간신히 개발에 성공한 자기 제조 기법이 다른 나라로 새어나가지 않도록 이 성에 뵈트거를 가둬 버립니다. 그러나 중요한 국가 기밀로 극비에 부쳐져야 할 자기 제조법은 장인들의 탈주와 유출로 인하여 다른 나라로 전수됩니다.

영국 자기의 대명사 본차이나의 탄생

영국에서 가장 유명한 도자기 '본차이나'의 '차이나'는 영어로 흙으로 구운 물건을 총칭하는 표현이고 '본'은 뼈를 의미합니다. 본차이나는 이름 그대로 동물의 뼛가루를 섞어서 구운 '골회(骨灰) 자기'로, 1750년대 런던 이스트엔드에 설립된 보우 가마에서 최초로 제조되었습니다.

이후 1790년대에 조사이어 스포드가 본차이나의 공업화에 성공하면서 유럽에서 만든 경질 자기(질이 매우 강하고 치밀한 자기)보다도 강하며 부드러운 우윳빛의 투광성 있는 본차이나는 영국의 도자기계에서 그 입지를 더욱 확고하게 다졌습니다.

지금도 이어져 내려오는 유명한 영국 도자기 회사들은 대부분 본차이나의 탄생을 전후로 문을 열었습니다. 1750년에는 '로열크라운더비', 1751년에는 '로열우스터', 1759년에는 '웨지우드', 1770년에는 '스포드', 1775년에는 '앤슬리', 1793년에는 '민톤'이 설립되어 많은 영국인에게 사랑받는 아름다운 본차이나를 제조하였습니다.

웨지우드의
'버터플라이 블룸'

로열덜튼
'잉글리시 르네상스'

로열알버트
'레이디 칼라일'

웨지우드
'스프링 블라썸'

세계적인 찬사를 받은 본차이나

이들 도자기 회사는 영국 왕실에서도 큰 사랑을 받으며 19세기에 접어
들어 더욱 성장해 나갔습니다. 특히 1851년에 개최된 제1회 세계 만국
박람회에서 국제적으로 첫 선을 보인 영국의 자기는 유럽 각국의 왕실
과 그 밖의 나라에서 특별 주문을 받을 정도로 그 존재감을 전 세계적
으로 떨쳤습니다. 나아가 1878년 파리에서 개최된 만국 박람회에 참여
한 일본인이 유럽의 자기류에 영향을 받아 1904년 도자기 회사를 설립
하게 되는데 이것이 일본을 대표하는 도자기 회사 '노리다케'의 시작이
었습니다.

영국제 자기의 발전과 변천은 홍차 문화와 함께 성장했습니다. 홍차
가 일반 시민들에게도 접해 볼 수 있는 존재로 거듭난 빅토리아 시대
후반에는 본차이나 역시 서민의 생활 속으로 스며들며 티컵은 홍차를
마실 때 반드시 필요한 존재가 되었습니다. 홍차를 더욱 맛있고 향기롭
게 즐길 수 있도록 다양한 디자인의 본차이나가 만들어지면서 티타임
을 풍성하게 채워주게 된 것입니다.

일본 홍차 산업의 발자취

일본의 홍차 산업은 메이지 시대부터 국가적 차원으로 발전해 왔고,
20세기부터는 국내 홍차 브랜드 개발에 본격적으로 집중했다.

The story
of tea

메이지시대 홍차의 첫 등장

일본은 차와 오랜 역사를 함께해 온 나라로 메이지 시대(1867~1912년)로 접어들면서 '홍차'가 처음으로 등장했습니다. 쇄국이 풀리고 메이지 시대가 시작된 일본에서는 생명주실과 차가 주력 수출 상품이었습니다. 이 당시의 차는 녹차였는데, 세계적으로 녹차보다 홍차의 수요가 높다는 점에 주목한 메이지 정부는 일본에서 홍차를 생산하고 수출을 높이기 위한 기반을 강화하였습니다.

1874년《홍차제법서》를 제작하여 전국에 배포하고, 이듬해 중국에서 홍차 제조 기술자를 초빙하여 오이타현과 구마모토현에 홍차 전습소를 설치해 일본인에게 홍차 제법을 전수받도록 하였습니다. 또한 중국과 인도로 조사원을 파견하는 등 정부는 홍차 산업을 육성하고자 아낌없는 노력을 쏟았습니다.

메이지 시대 후기가 되면서 일본의 홍차 환경은 더욱 폭넓게 전개되었습니다. 청일 전쟁에서 일본이 승리를 거두면서 대만이 일본의 영토로 편입되었고 1899년에는 미쓰이고우메이 사가 대규모의 다원을 개척했습니다. 또한 1903년, 대만 총독의 지휘로 평전에 설립한 홍차 재배 시험소에서 홍차 생산 연구를 시작하면서 대만에서 일본의 홍차 사업은 더욱 확대되었습니다. 1906년에는 완제품 립턴 홍차가 런던에서 일본으로 수입되었는데 이를 계기로 당시의 황실과 상류 계급, 외교관과 문화인을 중심으로 홍차가 서서히 친숙한 존재로 자리를 잡게 되었습니다.

홍차 전문 회사의 탄생

메이지 후기 이후로 일
본 내에서 차의 소비가
늘어나자 수출 대책의 일
환이었던 홍차도 생산량
이 증가하였습니다. 하지
만 전쟁으로 인한 여러
폐해로 일본의 홍차 생산
과 수출은 좀처럼 안정을
찾지 못하는 상황이 이어
졌습니다. 전쟁의 영향으
로 홍차 수출처는 사라졌
고 차업조합중앙회의소
가 창설한 홍차연구소도
어쩔 수 없이 사실상의 해
산 단계로 들어갔습니다. 이후
1927년에 홍차연구소는 일본홍
차회사(훗날 일본홍차주식회사)로 무
상양도됩니다.

홍차 전문 회사가 탄생하며 홍차의 생산과 수출 진흥이라는 국가 정
책에 발맞춰 더 많은 노력을 기울였지만 세계적인 차 불황으로 일본 홍
차 산업은 침체에서 벗어나지 못했습니다. 이런 가운데 1929년에 녹차
의 수매를 위해 일본으로 건너온 소련 통상대표부 제다 검사관인 셰닝
이 '일본 홍차 유망설'을 주창하면서 홍차 산업은 다시 한 번 새로운 변
화를 맞이하게 됩니다.

일본 내의 소비 고조와 일본산 브랜드의 등장

소련의 셰닝이 주창한 '일본 홍차 유망설'로 시즈오카현의 차업조합연합회의소는 홍차 장려를 위한 예산을 마련하고 일본홍차주식회사에 협력을 촉구했습니다. 그리고 셰닝의 지도를 토대로 홍차 생산과 수출의 확대를 위해 다시 한 번 힘을 쏟았습니다. 그 결과 1937년에는 당시 최고의 수출량을 기록하면서 홍차의 전성기를 맞이하게 되었습니다.

이후 중일 전쟁으로 외국산 홍차 수입이 금지되면서 일본 국내 수요를 충족시키고자 일본산 홍차는 국내 시장을 목표로 개발과 판매가 집중되었습니다. 그전까지 수출용 홍차를 취급하던 일본홍차주식회사도 1939년 '닛폰 홍차'라는 일본산 브랜드의 제조와 판매를 시작하였습니다. 이 시기에는 대만산 찻잎 수입이 늘어나 '닛폰 홍차', '미카도 홍차', '메이지 홍차', '마담 홍차' 등의 브랜드가 출시되었습니다. 뿐만 아니라 '닛토 홍차'의 시음 선전을 겸한 '닛토 코너 하우스'가 도쿄의 히비야에 문을 열면서 큰 인기를 모았습니다.

헤이세이 시대에 부활한 미에현 가메야마시의 '가메야마 홍차'. 전쟁 이전에는 홍차 품종인 '베니호마레'를 활용한 홍차 재배가 활발했다.

녹차 산지로도 유명한 사이타마현 사야마시의 '사야마 홍차'. 최근에는 홍차 제조에도 주력하면서 해외에서도 높은 평가를 받고 있다.

티백 자동 포장기와 홍차의 수입 자유화

전쟁이 끝나고 일본은 수출 품목으로 홍차의 생산 강화를 도모했습니다. 1955년에는 생산량이 최고점을 기록하지만 그 후 감소세를 이어가다가 1971년 홍차의 수입 자유화가 시행되면서 일본산 홍차의 수출 시대는 막을 내립니다.

홍차의 수입 자유화에 일본산 홍차의 수출이 가로막힌 지 10년째가 되던 1961년, 일본 홍차 역사상 큰 사건이 일어납니다. 티백을 기계로 제조하면서 대량생산이 이루어진 것입니다. 티백이 출시되자 소비자들은 그 간편함에 반했고 티백의 수요는 순식간에 높아졌습니다. 한편 그 무렵 일본홍차주식회사는 영국의 홍차 브랜드인 '브룩본드'와 제휴를 맺고 텔레비전과 라디오를 통해 영국의 홍차 상품을 대대적으로 선전하고 있었습니다. 이러한 상황들이 맞물리며 홍차는 일반 가정으로 한층 더 친숙하게 스며들 수 있었습니다.

이후 1990년대에는 홍차가 페트병과 캔으로 출시되며 밖에서도 편하게 즐길 수 있는 음료가 되었고 이에 따라 홍차에 대한 수요가 높아지면서 홍차의 수입량도 크게 증가하였습니다.

20세기 이후의 홍차 문화 ① 아이스티의 역사

19세기까지 홍차는 따뜻하게 마시는 음료였지만,
20세기 이후에는 시원하게 즐기는 아이스티로 재탄생했다.

미국에서 우연히 탄생한 아이스티

홍차를 마시는 방법은 다양하지만 차가운 홍차인 아이스티는 20세기 초 미국의 어느 행사장에서 우연히 만들어졌습니다. 아이스티가 탄생한 곳은 미주리주 세인트루이스의 세계 만국 박람회장이었습니다. 1904년에 개최된 세계 만국 박람회의 전시관에서 영국인 리처드 블레친든은 뜨거운 홍차를 대접하며 인도산 홍차를 홍보하기 위해 여념이 없었습니다. 그런데 하필이면 찌는 듯 하는 더위 속에서의 행사라 뜨거운 홍차에 눈길을 주는 사람은 아무도 없었습니다. 잔뜩 준비한 홍차가 아무런 주목도 받지 못하자 블레친든은 매우 난감했습니다.

그러다 문득 근처에서 얼음을 쓰는 부스를 발견하였고 "그래 이거다!" 싶은 생각에 바로 얼음을 사와 잘게 부숴 뜨거운 홍차에 넣었습니다. 시원한 아이스티가 만들어진 것입니다. 차가운 홍차는 그 즉시 주변 사람들의 이목을 모으며 엄청난 인기를 끌었고 이를 계기로 미국 전역으로 알려졌습니다.

세계 각국의 아이스티

지금도 미국에서는 약 80%의 홍차가 아이스티로 소비됩니다. 유명 브랜드의 티백 제품 포장지에 들어간 사진도 뜨거운 홍차가 아니라 아이스티입니다. 또 일반 가정의 냉장고 안에는 아이스티가 항상 준비되어 있어서 기호에 따라 레몬과 시럽을 넣어 많이 마신다고 합니다.

미국에서 우연히 만들어진
아이스티. (아이스티 만드는
법은 P.48~51 참고)

한국이나 일본에서는 페트병에 든 차가운 홍차를 자주 볼 수 있지만
홍차 음료를 많이 파는 모습을 다른 나라에서는 보기가 어렵습니다. 인
도나 스리랑카 같은 생산국은 더운 기후의 나라인데도 아이스티는 거
의 마시지 않습니다. 중국에서는 페트병에 든 홍차와 녹차 음료가 10년
전 즈음부터 대중적으로 팔리기 시작했는데 맛은 상당히 단 편입니다.

유럽 국가 중에서 특히 벨기에나 독일 등의 나라는 탄산이 든 아이
스티를, 이탈리아에서는 차가운 복숭아 티나 레몬 티를 자주 마십니다.
세계적으로 아이스티는 캔이나 페트병에 든 음료의 영향으로 수요가
조금씩 늘고 있는 상황입니다. 하지만 홍차의 나라 영국만큼은 차가운
홍차에 대한 수요가 거의 없다고 합니다. 홍차는 뜨거운 음료라는 그들
의 고집이 당분간은 이어질 것 같습니다.

20세기 이후의 홍차 문화 ② 티백의 역사

티백은 한 잔 분량의 찻잎을 미리 계량해 놓던
아이디어를 바탕으로 만들어졌다.

티백의 원형 '티 볼'

홍차의 수요 확대에 크게 공헌한 엄청난 발명품인 티백은 한 영국인의
아이디어를 바탕으로 탄생했습니다. 아이디어의 주인공은 A. V 스미스
로, 1896년에 처음 고안했습니다. 스미스는 한 잔 분량의 찻잎을 미리
계량하여 천으로 싸고, 천의 네 귀퉁이를 모아 실로 묶은 모양을 만들
었습니다. 이것은 '티 볼'이라 불리며 오늘날 티백의 원형으로 알려졌
습니다. 그러나 티 볼은 실용화에 이르지는 못했습니다.

　1908년에 가서야 티 볼은 미국의 차 수입업자인 토마스 설리번에
의해 다음 단계로 발전합니다. 그는 샘플 찻잎을 보내면서 이전에 사용
하던 알루미늄 캔이 아닌 비단 주머니를 사용하였는데, 이것이 좋은 평
가를 얻자 망이 좀 더 성긴 거즈를 사용하였고 티 볼은 점차 실용화의
길로 접어들게 되었습니다.

티백의 발명으로 홍차는
더 손쉽고 가까운 존재가 되었다.

티백 속의 찻잎은 단시간에 색과 맛, 향기가 모두 추출될 수 있도록 만들어 졌다. 절대 '잘못된 방식'이 아니다.

출처 : 영국 차협회

CTC 홍차 제조기와 자동 포장기의 등장

1930년대에는 미국의 덱스터 사가 거름종이를 개발하면서 티백의 제품화가 더욱 속도를 내기 시작합니다. 동시에 홍차를 제조하는 기계에도 새로운 개혁의 바람이 불었습니다. 바로 'CTC 홍차 제조기'의 등장이었습니다. 이전보다 더욱 미세하고 단시간에 추출 가능한 찻잎을 제조하는 기계가 개발되면서 훗날 티백 수요에 대응할 수 있는 환경이 정비된 것입니다.

　제2차 세계 대전이 끝나고 독일의 콘스탄타 사는 새로운 티백 자동 포장기를 개발합니다. 티백의 바닥 부분이 W자 모양으로 접히는 형태는 시장의 주류로 자리 잡았습니다. 티백의 포장 역시 종이 재질뿐 아니라 알루미늄 재질 등이 개발되면서 사용의 편의나 보관까지 함께 고려한 제품들이 다수 등장했습니다.

　오늘날에도 다양한 종류의 티백이 계속 개발되고 있으며 현재 홍차 시장에서는 티백 제품이 중심적 위치에 있다고 해도 과언이 아닙니다. 영국에서도 홍차 소비량의 약 95% 이상을 티백이 차지한다고 하니 티백은 손쉽게 홍차를 즐기기 위해서 필수적인 존재임을 알 수 있습니다.

The story
of tea

영화와 드라마 속 티타임

티타임을 그린 영화나 드라마를 감상하면서
따뜻한 홍차와 달콤한 티푸드를 맛보면 어떨까?

'홍차'라는 앵글로 보는 새로운 발견과 감동

역사가 수놓은 티타임의 모습을 이제는 그 당시의 사진이나 영화가 아니면 만나보기 힘듭니다. 하지만 그 시절의 티타임 모습을 알려주는 생생한 단서가 영화와 드라마 속 곳곳에 숨겨져 있습니다. 알고 보니 이야기상에서 티타임 장면이 큰 의미를 가질 때도 있고, 지금은 확인할 길 없는 당시 영국 귀족들이 생활 속에서 어떤 식으로 홍차를 즐겼는지가 묘사되어 있기도 합니다. 그 시절의 모습을 영화나 드라마를 통해 알 수 있다는 것도 상당히 즐거운 일입니다.

특히 영국을 무대로 한 영화와 드라마 속에서 귀족 생활에 초점을 맞춘 이야기에서는 티타임 장면이 자주 등장합니다. 이미 본 영화라도 홍차라는 앵글로 다시 감상하다 보면 새로운 발견도 할 수 있고, 처음 봤을 때와는 또 다른 감동이 찾아들지도 모릅니다.

홍차의 역사와 시대 배경을 함께 즐기는 재미

많은 영화에서 홍차를 마시는 장면이 등장하지만 시대적 배경에 따라 티타임 장면은 달라집니다. 아카데미상을 휩쓴 영화 〈타이타닉(Titanic)〉은 1912년 4월에 침몰한 호화 여객선 타이타닉호를 무대로 한 작품으로 이미 본 사람이 많을 것입니다. 이때는 빅토리아 시대에 생겨나 발전한 애프터눈 티의 습관이 영국인들의 생활 속에 완전히 침투했던 시기여서 선상에서도 티타임을 즐기는 상류 계급 사람들의 모습을 확인할 수 있습니다. 어린 소녀가 엄마에게 애프터눈 티 예절을 교육받는 장면이나, 한껏 멋을 낸 귀부인들이 소서를 가슴께까지 들고 컵을 입으로 옮기는 장면은 당시의 귀부인들이 했을 법한 행동 패턴을 그대로 묘사하고 있습니다.

영국을 대표하는 여성 작가 제인 오스틴은 18~19세기 당시 여성의 결혼에 관한 갈등을 다수 그리고 있는데 영화화된 작품에서 빅토리아 시대 이전의 티타임을 보여주는 장면이 종종 등장합니다. 〈센스 앤 센서빌리티(Sense and Sensibility)〉, 〈오만과 편견(Pride and Prejudice)〉 속에서는 식사 장면도 자주 등장하기 때문에 도자기에 흥미가 있는 사람들은 소품의 관점에서도 영화를 즐길 수 있습니다.

영화 〈작은 사랑의 멜로디(Melody)〉에서는 하이 티를 즐기는 장면이, 〈네 번의 결혼식과 한 번의 장례식(Four Weddings and a Funeral)〉, 〈노팅힐(Notting Hill)〉에서는 오늘날 홍차를 즐기는 영국인들의 모습을 만날 수 있습니다.

촬영 장소를 알고 나면 더욱 재미있게 즐길 수 있다

당시 귀족의 일상과 그곳에 고용된 사람들의 일과 생활, 그리고 그 이면에 대해 그리고 있는 영국의 드라마 〈다운튼 애비(Downton Abbey)〉는 세계적으로 큰 인기를 받은 드라마입니다. 20세기 초반의 영국에는 홍차가 완전히 생활 속에 녹아든 시기여서 여러 장면 속에서 홍차가 등장합니다. 또한 촬영지였던 버크셔에 있는 하이클레어 성은 영국에서도 인기 관광지로 떠오르며 드라마 촬영지를 돌아보는 투어까지 생겨났습니다.

이 드라마 외에도 〈해리포터(Harry Potter)〉 시리즈를 비롯하여 런던 서부를 무대로 한 〈노팅힐〉과 〈007〉 시리즈, 앞에서도 소개했던 제인 오스틴의 소설을 영화화한 〈오만과 편견〉 등, 인기 있는 영화 속 명장면을 어디에서 촬영했는지 알려주는 정보들이 가이드북, 인터넷 등에 자세히 소개되어 있습니다. 이를 참고하여 영화를 본다면 집에서 영화를 보더라도 마치 여행을 하는 것 같은 기분을 느껴볼 수 있을 것입니다. 영국의 마을을 무대로 한 영화를 감상하면서 홍차를 음미해 보는 시간을 가져보는 것도 참으로 근사할 듯싶습니다.

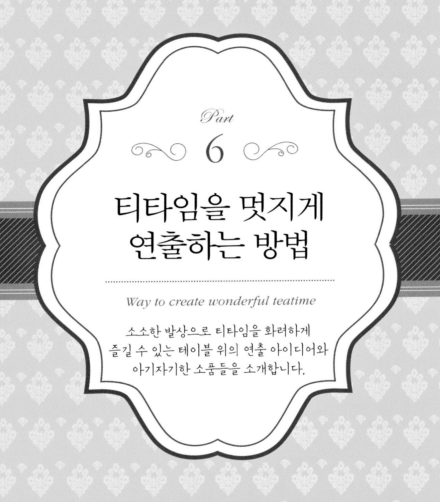

Part

6

티타임을 멋지게
연출하는 방법

Way to create wonderful teatime

소소한 발상으로 티타임을 화려하게
즐길 수 있는 테이블 위의 연출 아이디어와
아기자기한 소품들을 소개합니다.

소중한 시간이 더욱 빛나도록

티타임의 분위기를
높여주는 테크닉

마음에 쏙 드는 티컵에 제일 좋아하는 홍차,
한 번쯤 먹어보고 싶던 과자와 계절을 담은 꽃……
티타임의 테이블 위에는 매일의 일상을
반짝이게 해주는 낭만이 한가득 모여 있습니다.
손님을 맞이하여 정성스레 대접하는 시간도,
나 홀로 즐기는 조촐한 티타임도,
모두 소중한 시간입니다.
좋아하는 색으로 맞추거나, 추억으로 곳곳을 꾸미는,
소소한 아이디어를 더해서
티타임의 분위기를 더욱 높여보세요.

1

티타임을 우아하게 만드는

애프터눈 티를 위한
테이블 세팅

티타임을 즐겁게 만들기 위한 필수 준비물을 확인해 보자.

테이블 세팅에 필요한 소품들

접시 & 나이프 & 포크

케이크 접시는 직경 20cm 전후가 기본적인 크기이다. 나이프는 스콘에 잼과 크림을 바를 때 사용한다. 포크는 주로 케이크를 먹을 때 쓰는데 손으로 들고 먹을 수 있는 케이크에는 사용하지 않아도 괜찮다.

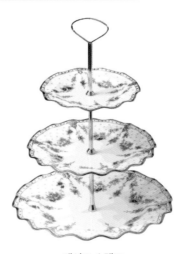

케이크 스탠드

원래는 바닥에 놓고 사용하던 일종의 큰 가구 였는데 외식업을 위해 작은 크기로 개발되어 지금은 애프터눈 티의 상징과도 같은 아이템이 되었다. 모양은 2단 또는 3단으로 된 것도 있고, 접시와 일체형이거나 분리되는 형태도 있다.

티 냅킨

입을 닦거나 옷이 지저분해지는 것을 방지하기 위해 필요하다. 면사로 만든 냅킨이 훨씬 고급스럽지만 쓰는 사람도 살짝 부담스러울 수 있으니 종이 냅킨을 활용해 테이블 위를 강조한다. 간편하게 테이블을 장식하는 방법 중 하나이다.

티포트 & 티컵 & 소서

세트로 된 제품들로 구성하면 테이블의 디자인 면에서 통일감을 줄 수 있다. 반대로 세트 구성이 아니라면 각기 다른 디자인들이 테이블 위를 컬러풀하게 만들어주기에 색다른 즐거움을 느낄 수 있다.

설탕 단지

뚜껑이 있는 제품과 없는 제품이 있는데 뚜껑이 있어야 보관도 쉽고 편리하다. 설탕 단지가 없으면 작은 유리그릇에 설탕을 담고 밑에 작은 접시나 레이스를 깔아도 훌륭하다.

밀크저그

밀크티를 만들 때 쓸 우유를 넣어두는 그릇이다. 듬뿍 담을 수 있도록 큰 사이즈로 준비한다. 테이블에 둘 때는 먼지 같은 지저분한 것들이 들어가지 않도록 레이스나 냅킨으로 덮어두면 보기에도 예쁘다.

2

테이블
세팅 순서

완성된 후의 이미지를 그려보고 흐름을 파악하면
즐겁게 테이블을 장식할 수 있다.

즐거운 테이블 준비를 위한 순서

① 테마를 정한다

우선은 테이블의 테마를 정해야 한다. 예를 들면 꽃, 영국풍, 일본풍처럼 테마를 결정하고 테마에 맞는 그날의 컬러를 정한다. 테마와 컬러가 확실해지면 가지고 있는 소품을 어떻게 조합할지 구체적으로 알 수 있어서 완성된 이미지를 상상하기도 쉽다.

② 테이블보를 깐다

테마 컬러에 맞춘 테이블보를 깔아주면 바로 고급스러운 분위기로 변신한다. 혹시 테이블보가 없을 때는 테이블 매트 같은 것으로 강조해도 좋다. 어떤 식기와도 잘 어울리는 아이보리나 베이지 색의 테이블보를 하나 가지고 있으면 상당히 편리하다.

식기의 색상에 맞춰서 꽃을 고르고, 테이블보는 커튼 색과 같은 계열로 세팅했다.
출처 : 저자의 홍차 강의 '영국 시간, 홍차 시간'.

③

식기 세팅

케이크 접시를 정면에 놓고 오른쪽 방향 위쪽으로 티컵과 소서를 세팅한다. 냅킨은 케이크 접시 위나 오른쪽 옆, 어느 쪽에 두어도 좋다. 티스푼은 소서 위에, 그 밖의 나이프나 포크는 케이크 접시의 양쪽 옆에 세팅한다.

④

나머지 식기 세팅

티포트, 설탕 단지, 밀크저그의 위치를 정한다. 테이블이 넓으면 주최자가 사용하기 편한 위치에 모아두는 것이 좋다. 꽃은 한가운데가 좋지만 약간 방해가 될 것 같다면 모두에게 잘 보이는 다른 위치에 놓아도 괜찮다.

3

테이블을 화려하게 만드는 홍차 소품들

정성스럽게 준비한 소품으로 테이블을 장식하면
대화도 한층 더 활기차진다.

함께 준비하면 좋은 홍차 소품들

티 벨

토킹 굿즈

영국에서는 많은 사람들이 모인 파티에서 주의를 환기시킬 때, 유리컵을 나이프나 포크로 두들기는 경우가 종종 있다. 하지만 티타임에서는 좀 더 품격 있게 하고 싶지 않은가? 티 벨이 있으면 청량한 소리가 울려 퍼지면서 분위기도 훨씬 멋스러워진다.

대화의 소재로 활용되는 테이블 위의 장식품을 '토킹 굿즈'라고 한다. 처음 보는 사람들이 모이는 파티에서는 "예쁘네요", "이거 어디서 사신 거예요?"라는 식으로 대화의 소재가 되어주기에 즐거움도 더욱 커진다.

티 타월

영국에서 일상적으로 사용하는 티 타월은 티타임 때 여러모로 편리한 아이템이다. 트레이에 깔거나 테이블 한가운데에 두어도 좋고 티 세트 위에 살짝 올려놓을 수도 있다. 디자인도 워낙 많아서 수집하는 재미도 있다.

미니 트레이

작은 접시는 다양한 상황에서 아주 요긴하게 쓰인다. 설탕이나 레몬을 올려놓기도 하고 밀크저그의 받침으로도 쓸 수 있다. 또 간단한 스낵이나 초콜릿 같은 것을 올려놓아도 근사하다. 미니 트레이에 도일리를 깔면 아이스티용 컵받침으로도 활용할 수 있다.

미니 집게

작은 집게는 티타임에서 아주 유용한 소품이다. 얇게 자른 레몬을 티컵에 넣을 때나 각설탕을 홍차에 넣을 때 쓰기도 하고 허브를 토핑할 때도 편리하다. 반짝이는 존재감으로 테이블을 화려하게 꾸며주는 역할을 한다.

티백 받침

다 우려낸 티백을 올려놓는 작은 접시를 '티백 받침'이라고 한다. 티백 받침이 있으면 티백을 꺼낸 다음 다른 접시에 묻히지 않아도 되고 또 다 쓴 티백을 일종의 장식품처럼 볼 수 있어서 따스한 기분이 들 것이다.

4

나만의 꽃으로 테이블을 꾸미자

꽃으로 맞이하는
티타임

계절을 담은 아름다운 꽃으로 티 테이블을
더욱 화려하게 장식해 보자.

초보자도 쉽게 하는 꽃꽂이

정원을 연상시키는 잎사귀를 더한다

푸른 잎을 더하면 꽃의 존재감을 더할 수 있
다. 잎사귀를 정원에 비유해 그 정원의 한가운
데서 꽃이 피었다는 느낌으로 꽃을 장식하면
꽃 색깔이 더욱 도드라져 보이고 티 테이블도
훨씬 빛이 난다. 사진처럼 꽃줄기를 짧게 잘라
서 평평한 그릇에 올려놓아도 좋다.

내 마음대로 꽂아보자

계절에 맞는 꽃이나 평소 좋아하던 꽃으로 색
을 맞춰서 구성해 본다. 이때 주의할 점은 3가
지다. 자리에 앉았을 때 서로의 얼굴이 보이지
않을 정도로 너무 큰 장식은 피해야한다. 그리
고 홍차의 향을 가릴 만큼 강한 향기의 꽃은
좋지 않다. 마지막으로 화분에 심은 꽃은 사용
하지 않도록 한다.

꽃 고르는 법

꽃을 아름답게 보이도록 하는 핵심은 바로 초록색의 활용에 있다. 꽃으로만 이루어진 구성이 아니라 아이비나 유칼립투스, 나무딸기, 루스커스 같은 푸른색 식물을 많이 사용해서 꽃을 장식하면 자연의 싱그러움이 훨씬 살아난다. 다양한 색깔을 섞으면 가벼운 느낌을 줄 수 있고, 한 가지 계열로 통일하면 우아한 분위기를 연출할 수 있다.

양초와 함께 꽂아보기

크리스마스 시즌에 양초와 함께 꽃 장식을 할 때는 먼저 양초 바닥에 이쑤시개를 3개 정도 테이프로 붙여서 고정시킨 뒤 플로랄 폼 한가운데에 꽂는다. 그리고 그 주위로 꽃을 장식하면 양초도 안정감 있어 보이고 훨씬 근사해진다.

심플하게 한 송이로 꾸미기

티 테이블에 키가 너무 큰 꽃을 장식하면 상대 얼굴이 잘 안 보여서 대화가 활발하게 이어지지 않을 수도 있다. 키가 큰 꽃으로 꾸미려면 아예 딱 한 송이만 꽂아보자. 심플하게 장식하면 티 테이블과 꽃이 모두 돋보이면서 입체감이 살아나 오히려 화려한 분위기를 연출할 수 있다.

5

초대받아 갔을 때도 우아하게 즐길 수 있는

티타임
매너

매너란 마음의 멋이다. 사소한 마음가짐이
행동을 품위 있게 연출해 준다.

기본 매너 5원칙

1

**냅킨이 나오면
반드시 사용할 것**

냅킨이 준비되어 있으면 반드시 사용해야 한다. 냅킨을 쓰지 않는 것은 '나는 당신을 신뢰하지 않습니다'라는 암묵적인 메시지의 표시라고 한다. 작은 사이즈의 냅킨은 그대로 무릎 위에 펴준다. 사이즈가 큰 것은 삼각형 모양으로 접어서 무릎 위에 올려주면 고급스러우면서 실용성도 높다. 냅킨 좌우 끝의 한쪽을 허벅지 아래로 깔고 앉으면 무릎에서 떨어질 염려가 없어서 안심이다. 식사를 마치면 사용을 했다는 표시로 간단하게 정리해서 접시 왼쪽에 둔다.

2

**컵이나 접시 뒷면은
들여다보지 말아야**

멋진 컵을 들고 있다 보면 아무래도 뒤쪽 부분을 들여다보고 싶은 사람이 많을 것이다. 하지만 이러한 행동은 절대로 금물이다. 혹시라도 그 식기가 어느 브랜드의 제품인지 알고 싶다면 티룸의 직원이나 초대해 준 주인에게 직접 물어보는 것이 매너이다. "정말 멋진 식기네요. 어느 브랜드인가요?" 이런 질문에 기분 나빠할 사람은 없을 것이다. 브랜드 정보 이외에도 식기 뒷면에는 쓰여 있지 않은 숨겨진 뒷이야기까지 알려줄지도 모른다.

③

티 푸드는 기본적으로
손으로 먹어도 OK

애프터눈 티에 나오는 티 푸드는 집어먹기 쉽
도록 한 입 크기로 만든다. 케이크도 손으로
들고 먹을 수 있도록 타르트나 파운드케이크,
마카롱이 위주이다. 이런 메뉴에는 포크를 사
용하지 않아도 상관없다. 다만 크림이 듬뿍 발
라진 케이크는 포크를 이용해 먹는 것이 좋다.
나이프는 음식을 자를 때 쓰는 것이 아니라
스콘에 잼과 크림을 바르기 위한 용도인 것도
기억해 두자.

④

티스푼은 컵 앞쪽이나
오른쪽 옆에 둔다

스푼을 놓을 때는 몇 가지 방식이 있다. 티컵
과 소서와의 균형이 중요하기 때문에 놓는 위
치에 그다지 구애받을 필요는 없다. 가장 정통
적인 방식은 컵의 바로 앞쪽에 가로 방향으로
놓는 스타일이다. 그리고 영국에서는 컵 오른
쪽에 세로 방향으로(손잡이가 자신에게 향하도록)
두는 스타일을 자주 볼 수 있다. 어떤 방식이
든 티컵과 소서와의 조화를 생각해 자유롭게
결정하면 된다. 하지만 마실 때는 방해가 되지
않도록 컵 뒤쪽에 두는 것을 잊지 말자.

⑤

소서는 손으로 들어야 할까?
테이블에 놓아야 할까?

서 있을 때나 앉아 있을 때나 가장 고상해 보
이는 스타일은 가슴 높이 정도에서 소서까지
들고 마시는 모습이다. 빅토리아 시대의 귀부
인들은 그렇게 홍차를 마셨다고 한다. 기본적
으로는 응접실의 낮은 테이블이나 스탠딩 파
티에서처럼 자신과 테이블 사이에 간격이 있
는 상황에서는 소서까지 들고 마신다. 반면에
식탁처럼 많이 떨어져 있지 않으면 소서는 그
대로 두고 컵만 들고 마시는 것이 좋다.

몇 년 전에 오랫동안 근무해 온 홍차 회사를 그만두고 독립을 위한 재충전의 시간을 갖기 위해서 런던으로 여행을 떠났을 때의 일입니다. 때마침 새 단장을 끝낸 나의 로망이던 사보이 호텔에서 숙박을 하게 되었는데, 아침 식사를 하다가 옆 테이블에 앉아 있던 초면의 신사와 몇 마디 대화를 나누게 되었습니다. "재충전을 위해서 여행을 왔어요"라고 말하니 그 신사는 미소를 지으며 제게 이런 말을 해주었습니다.

"기나긴 삶 속에서 어떤 아름다운 꽃을 피워낼지는 어떤 씨앗을 뿌리는가에 달려 있지요. 이곳 런던에서 멋진 씨앗을 찾을 수 있으면 좋겠군요. 행운을 빕니다!"

이 책 안에는 그 당시 런던에서 해보았던 홍차와 관련된 다양한 경험들과 25년 간의 홍차 인생에서 배운 제 모든 지식이 응축되어 있습니다. 지금까지 해온 경험 그 자체가 훌륭한 씨앗이 되었고, 홍차를 통해 만나게 된 많은 분들이 물과 영양분을 준 덕분에 《행복한 홍차 시간》을 완성할 수 있었습니다.

제가 맡고 있는 홍차 강의인 '영국 시간, 홍차 시간'의 학생 여러분과 홍차에 대한 열정을 함께 불태워준 스리랑카, 인도, 영국의 친구들에게 특별히 깊은 감사의 마음을 전하고 싶습니다. 마지막으로, 집필 중에 돌아가셔서 천국에 계실 아버지에게 홍차 향기에 실어 보낸 '고마워요'라는 나의 인사가 무사히 도달하기를 바랍니다.

2015년 9월
감미로운 얼 그레이 향이 가득한 공간에서
사이토 유미

옮긴이 서현주

성신여대 일어일문학과를 졸업 후 한국외대 국제지역대학원 석사 과정 수료
및 동 대학원 일어일문학 석사 학위를 취득하였다. 현재는 엔터스 코리아에서
출판 기획자 및 일본어 전문 번역가로 활동하고 있다.

행복한 홍차 시간

초판 1쇄 인쇄일 2019년 04월 22일
초판 1쇄 발행일 2019년 04월 29일

지은이   사이토 유미
옮긴이   서현주
발행인   이승용
주간   이미숙
편집기획부 박지영 황예린   **디자인팀**   황아영 한혜주
마케팅부   송영우 김태운   **홍보마케팅팀** 조은주 김예진
경영지원팀 이루다 이소윤

발행처 |주|홍익출판사
출판등록번호 제1-568호
출판등록   1987년 12월 1일
주소   [04043]서울 마포구 양화로 78-20(서교동 395-163)
대표전화   02-323-0421   **팩스** 02-337-0569
메일   editor@hongikbooks.com
홈페이지   www.hongikbooks.com

제작처   갑우문화사

파본은 본사나 구입하신 서점에서 교환하여 드립니다.
이 책의 내용은 저작권법의 보호를 받는 저작물이므로 무단 전재와 무단 복제를 금합니다.

ISBN 978-89-7065-684-7 (13590)

이 도서의 국립중앙도서관 출판예정도서목록(CIP)은
서지정보유통지원시스템 홈페이지(http://seoji.nl.go.kr)와
국가자료공동목록시스템(http://www.nl.go.kr/kolisnet)에서 이용하실 수 있습니다.
(CIP제어번호: CIP2019013504)